THE COLLECTION
OF WALLPAPER CONSTRUCTION

墙纸施工宝典

汪维新 詹国锋 编著

墙纸种类最齐全的施工技术指南

浙江工商大学出版社
ZHEJIANG GONGSHANG UNIVERSITY PRESS

嘉力丰学院
中国墙纸行业专业人才培训机构

嘉力丰学院成立于 2008 年，是国内首家非营利墙纸行业培训机构。学院成立的目的主要是为行业培养更多的专业人才，也希望为所有墙纸行业人士提供一个交流学习平台。

墙纸施工在装修过程中是很重要的一道工序。行业的发展经历几起几落，其中很重要的原因是墙纸施工标准不统一，没有规范的施工标准，也没有形成规模的专业施工技师培训。

墙纸施工对技师的要求并不是大家想象的那么简单。

规范行业标准，让施工技师有一个学习的平台，这是嘉力丰学院致力的目标。

此次嘉力丰学院首席讲师汪维新、嘉力丰集团首席技术专家詹国锋合力推出《墙纸施工宝典》，填补了行业的空白，相信这会更好地推动墙纸行业健康发展，这也不仅仅是我们嘉力丰集团认为非常有意义的事情，更是企业的行业责任。

国内外以家庭装修为题的书籍不胜枚举，但是专注于墙纸施工这一类目的教材却是凤毛麟角，出版发行的图书数量几乎为零。写作本书的目的也是希望施工技师能够在施工过程中遇到问题有标准借鉴。

这本书对于有一定基础的技师来说，会给其带来很多意想不到的启发；对于墙纸经营人员来说，会让其觉得豁然开朗，瞬间明悟。

嘉力丰学院
中国墙纸行业专业人才培训机构

在墙纸施工过程中遇到的一系列问题都能在本书中找到答案。本书全面、系统地讲解墙纸施工的方法与技巧，从墙纸基础知识、各种墙体的处理，墙基膜、墙纸胶的使用方法，到各类墙纸的施工方法、施工常见问题剖析、规范化施工，由浅入深，是一本墙纸施工技术指南。

嘉力丰学院的编者们长期从事墙纸行业技术培训，8 年的办学历程里，通过全国各地上百场培训以及与施工师傅的交流，积累了大量的实践经验。

书中收录了目前市面上几乎所有墙纸种类的施工方法，几十种常见造型的施工技巧，20 个施工常见问题剖析，500 多张图片详细解说施工步骤，全方位解答墙纸施工各种问题，堪称墙纸行业的"百科全书"。

本书出版的目的不是为了想成为畅销书，而是在于给墙纸从业人员一个指引和启发。

学院的编者们将自己的从业经验与心得毫不保留地与大家分享，值得赞扬。墙纸行业的繁荣要靠整个墙纸行业从业人员的一致努力，希望通过嘉力丰学院这个平台，大家互相交流，共同进步，不断提高施工技术，为墙纸行业的繁荣与昌盛奠定坚实的基础。

嘉力丰集团董事长 吴通明

墙纸施工宝典
墙纸种类最齐全的施工技术指南

墙纸施工绝对是一项技术活，贴得好，墙纸是居室的一件艺术品；贴得不好，或者翘边，或者变色，甚至发霉等等，成为居室的败笔。贴得好坏在于贴纸师傅的手艺，随着施工工具的改进，现代贴纸师傅不再是刮板小刀走天下了，高科技的纸、新品种的胶、新式工具的出现使贴纸的质量更加有保证，但同时增加了贴纸施工的难度，要求施工人员会鉴别材质，处理各种墙体，会贴各种造型、各种纸型，掌握各种墙纸辅料和工具的用法。

墙纸施工关键在于掌握三大要素，**即要了解所要贴的墙纸、待贴的墙面和墙纸辅料。**

墙纸方面：需要掌握各种材质的鉴别、材料特点、不同墙纸的施工技巧。

墙体方面：需要掌握墙体的平整度、牢固度、湿度、酸碱度的检测方法，以及各种墙体的处理方法，能够判断墙体是否达到贴墙纸的要求和标准。

辅料方面：需要掌握各种基膜和胶水的特点、调配方法、使用方法和相关注意事项，能灵活运用墙纸辅料为优质施工服务。

可见，掌握这三大要素，即可贴好墙纸，**本书即是围绕这三大要素来向您揭秘墙纸施工的秘籍。**

CONTENTS

THE COLLECTION OF WALLPAPER CONSTRUCTION

CONTENTS

CHAPTER

墙纸知识
知多少

1.1

墙纸的种类和特点
Types and characteristics

市面上的墙纸按材质主要分为：胶面墙纸（俗称 PVC 墙纸）、纯纸墙纸、无纺布墙纸、天然材质墙纸、金属墙纸、纺织物墙纸、特殊效果墙纸等。

通常我们区分不同的人会首先选择看他的脸，墙纸也一样。首先我们来看看它的表面材质到底是什么？

1.1.1
胶面墙纸
The rubber surface wallpaper

胶面墙纸是在纯纸或无纺布上覆盖一层聚氯乙烯，经复合、压花、印刷等工序制成。胶面墙纸分普通型和发泡型，普通型墙纸以 80g/㎡ 的纸为纸基，表面涂敷 100g/㎡ PVC 树脂，墙纸较轻。发泡型墙纸以 100g/㎡ 的纸为纸基，表面涂敷 300—400g/㎡ PVC 树脂，墙纸较厚重，发泡型墙纸有低发泡和高发泡之分。

胶面墙纸

 优 <1> 具有优良的防水性能，易于清洗打理，脏时只要用湿布轻轻擦拭，即可清洁如故。

<2> 克服了纯纸材质的缺陷，可以制造出许多纯纸不能达到的特殊花纹，比如仿木纹、浮雕、仿瓷砖等效果，图案逼真、立体感强，适用于家居室内墙面的装饰。

 缺 <1> 透气性较差，贴在潮湿的墙面易发霉，需用基膜处理。

<2> 胶面墙纸为复合材料，生产质量不好时，底纸和表层易剥落。

<3> 由于 PVC 的分解时间较长，从环境保护的角度来说，环保性不太好，但符合标准的 PVC 材料本身对人体并没有危害。

1.1.2
无纺布墙纸
Non woven wallpaper

目前最流行的绿色环保墙纸，以棉麻等天然植物纤维或涤纶、腈纶等合成纤维，经过无纺成型的一种墙纸，例如一次性口罩，婴儿纸尿裤的表层等都为无纺布。

无纺布墙纸

优

　　<1> 透气性和防潮性好，被业界称为"会呼吸的墙纸"。

　　<2> 优质无纺布墙纸不收缩，不变形，易于施工。

缺

　　<1> 花色相对于胶面墙纸来说较素雅，色调较浅，以纯色或浅色系居多。

　　<2> 部分无纺布墙纸过薄，容易造成透底现象。

1.1.3
纯纸墙纸
Pure paper wallpaper

纯纸墙纸是一种全部由纸浆制成的墙纸，这种墙纸由于使用纯天然纸浆纤维，透气性好。

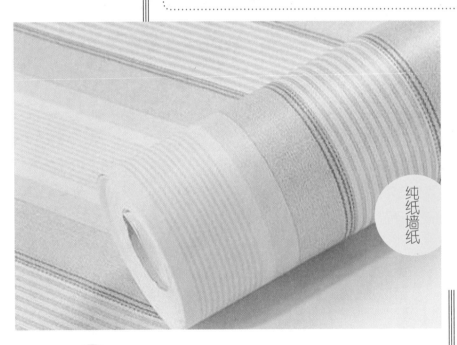

纯纸墙纸

优
<1> 环保性能好，无异味、透气性强，不易发霉。
<2> 印刷效果突出，色彩丰富，图案逼真。

缺
<1> 施工技术难度高，易产生明显接缝。
<2> 纯纸墙纸色彩艳丽，但不易做出凹凸感，不易做出层次感强或是立体感强的花纹。
<3> 耐水、耐擦洗性能差。

鉴别

　　优质纯纸墙纸纸质硬且白度好，纸浆不好的纸质明显偏软，这样在生产过程中才能保证颜料均匀上色，线条清晰，颜色干净，避免色差，色彩保持度也好，不易掉色、褪色。如用劣质纸浆，纸面平滑度不好，可能出现花色模糊，颜色浑浊，立体感不强的现象，导致墙纸上墙后出现色差，甚至短时间内变黄。最次的纯纸墙纸原料是再生纸，是利用回收的废旧纸张，经过成浆、漂白等一系列流程，再往上面印花制成。这样的纸在生产过程中会添加更多的化学原料，环保性不容乐观。

1.1.4
金箔墙纸
Metal wallpaper

　　又名金属墙纸，在纸基上涂布金属层制作而成，以金色和银色为主要色系。这种墙纸给人金碧辉煌、高贵华丽的感觉。适用于歌厅、酒店等场所。

　　此类墙纸在装修中起到装饰、点缀的作用，在全世界的占有率较少，为 1% 左右。

特 点
典雅、高贵、华丽，质感、空间感强。

1.1.5
纺织物墙纸
Fabrics wallpaper

墙纸表层主要用布、化纤、麻、绢、丝、绸等为原料，质感佳，透气性好。用它装饰居室给人以高雅、柔和、舒适的感觉。

特 点

视觉恬静、触感柔和、吸音、透气、亲和性佳、典雅、高贵。

种类一 纱线墙纸

用不同式样的纱或线粘贴构成图案和色彩。自然、环保，更显室内质感。

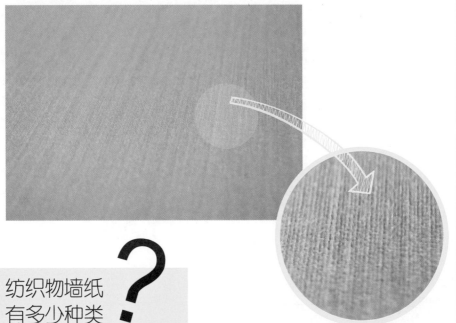

纺织物墙纸
有多少种类 ?

种类二　织布布类墙纸

有刺绣布面和缇花布面

纺织物
墙纸

种类三　植绒墙纸

将短纤维植入底纸，产生质感极佳的绒布效果

特·点

视觉舒适、触感柔和、吸音、透气、亲和性佳、典雅、高贵。

纺织物墙纸有多少种类？

1.1.6
无缝壁布
Seamless technology

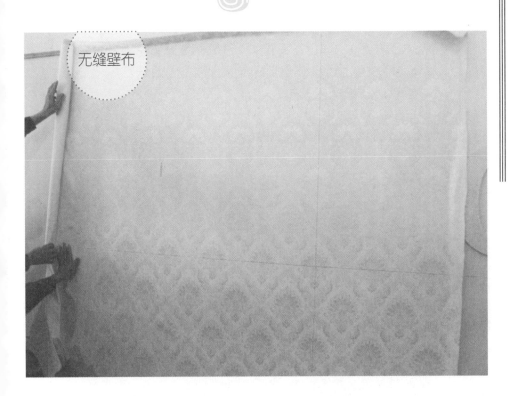

无缝壁布

无缝壁布是一种新型的墙面装修材料，是近几年国内开发的一款新的墙面装饰产品，在我国的华南、西南地区比较流行。

无缝壁布是伴随着墙纸功能的不断完善而兴起的，目前市场上的无缝壁布基本具有阻燃、隔热、吸音、抗菌、防霉、防水、防油、防污、防尘、防静电等特点。

无缝壁布

1.1.7
天然材质类墙纸
Natural wallpaper

将草、麻、木、叶等天然材料干燥后压粘于纸基上，具有浓郁的乡土气息，自然质朴。但耐久性、防火性较差，不适用于人流较大的场合。

植物编制类墙纸

竹编墙纸

草编墙纸

纸编墙纸

软木、树皮类墙纸

石材、细砂类墙纸

特点

亲切自然、休闲、舒适的感觉，环保产品。

1.1.8
特殊效果墙纸
The special effect of wallpaper

<1> 荧光墙纸：在印墨中加有荧光剂，在夜间会发光，常用于娱乐空间。

<2> 夜光墙纸：使用吸光印墨，白天吸收光能，在夜间发光，常用于儿童房。

<3> 防菌墙纸：经过防菌处理，可防止霉菌滋长，适合用于医院、病房。

<4> 吸音墙纸：使用吸音材质，可防止回音，适用于剧院、音乐厅、会议中心。

<5> 防静电墙纸：用于特殊需要防静电场所，例如实验室、电脑房等。

<6> 防火墙纸：用 100—200g/ ㎡的石棉纸作基材，同时在墙纸面层的 PVC 树脂材料中掺有阻燃剂，使墙纸具有一定的防火阻燃性能。

此类墙纸又可分为表面防火、全面防火两种：

① 表面防火墙纸，是在 PVC 涂层中添加阻燃剂，底纸为普通不阻燃纸。

② 全面防火墙纸，是在表面涂料层和底纸全部采用阻燃配方的墙纸。

 特 点

防火性特佳，防火、防霉，常用于机场或公共建筑。

以上是从墙纸表面材质来划分墙纸的种类，那么如果是从墙纸的背面材料，就是我们平常说的底纸来看，主要分为纸底、无纺布底和十字布底三大类。

<1> 纸底墙纸：以纸作为墙纸的底面，此类墙纸市场据有率比较高，60% 以上的墙纸都是纸底。大多数胶面墙纸都是纸底，纯纸、金属墙纸、天然材质的墙纸底面都是纸底。

<2> 无纺布底墙纸：无纺布材质为底面，底的表面较为平坦，颜色较白，有一丝丝的纹理。

<3> 十字布底墙纸：以编织布（十字布）为底面，机器编制而成，价格相对较贵。

前段时间有师傅打电话咨询我，他贴完墙纸，纸上有很多泡泡，而且显缝，问我是怎么回事。我询问他贴的是什么纸，用的什么胶，墙面怎么样，如何刷胶，如何上墙等一些施工细节。他告诉我贴的是无纺布墙纸，施工细节也详细叙述了一遍。听完之后，我觉得他的整个施工过程都没什么问题。施工没问题，那泡泡，显缝是怎么回事？我也百思不得其解，按理说，无纺布只要拼好缝一般不会显缝，也不会有那么多泡泡。我后来问他贴了多长时间墙纸？他说刚刚开始贴，贴墙纸还不到一个月时间。这下引起我的警觉，我问他贴的墙纸多大卷？轻重如何？纸的表面是否光滑？底纸是什么颜色？折后折痕是否明显？通过他的回答，我很快判断出他贴的是纯纸而不是无纺布，将纯纸当成无纺布进行粘贴，不出问题才怪，这都是不认识墙纸惹的祸。

现在市面上最主流的墙纸主要有三种：**胶面墙纸、无纺布墙纸和纯纸墙纸**。不同材质的墙纸施工方法是不尽相同的，那如何分辨这些

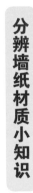

分辨墙纸材质小知识

墙纸呢？

　　看：观察墙纸表面，胶面墙纸和纯纸墙纸表面光泽度较好，无纺布墙纸略差；二看墙纸底纸，胶面墙纸和纯纸墙纸都是纸底，一般色泽偏黄；无纺布墙纸主要成分是纤维，底色较白，而且看上去有一丝丝的纹理。

　　摸：胶面墙纸表面是 PVC 涂层，是一层塑料，所以摸起来很光滑，而且有塑料的质感；纯纸墙纸表面也比较光滑，但纯纸墙纸摸起来和普通 A4 纸没什么太大的区别；无纺布墙纸摸起来有滞手感。

　　撕：将墙纸慢慢撕开，会发现胶面墙纸撕起来有阻力，细看其表面有拉伸性；纯纸撕起来声音很脆，很好撕；无纺布墙纸撕开后，一根根纤维丝非常明显。

　　闻：刚开封的胶面墙纸闻起来有塑料味，纯纸墙纸和无纺布墙纸则没有，有的会有一些印刷油墨的味道。

　　掂：通过掂整卷墙纸的重量和看整卷墙纸大小来分辨，胶面墙纸和纯纸墙纸要重些，无纺布墙纸要轻些，再看整卷墙纸的大小，胶面墙纸和无纺布墙纸要卷大些，纯纸墙纸因为卷得非常紧凑，所以看起来要卷小些。

　　烧：纯纸墙纸的燃烧现场，缕缕青烟，仅正常的烧纸气味，没有胶臭味，灰烬呈白灰状，一吹即散，如同香烟的灰烬；胶面墙纸烧起来有浓浓的黑烟，有一股难闻的胶臭味，燃烧后的灰烬呈黑色，灰较硬；无纺布墙纸燃烧时有黑烟，略有味道，没有刺激性，燃烧后灰尘是黑色的。

　　通过以上方法我们能很快分辨出胶面墙纸、无纺布墙纸和纯纸墙纸，其他材质特点比较明显的也很容易分辨。

墙纸的规格
Wallpaper specifications

各个国家的具体情况不同，导致各个国家墙纸的规格也各不同，墙纸规格和墙纸施工息息相关，墙纸用量由规格来确定，第一幅墙纸的粘贴位置也要考虑到墙纸的规格。所以在施工前一定要知道墙纸的规格。

<1> 国际标准规格：53cm × 10m　　70cm × 10m

注：欧洲大部分国家、亚洲（除日本、韩国外）、加拿大、南美洲均采用此规格。

<2> 日本规格：92cm × 50m

<3> 韩国规格：1.06m × 15.6m

<4> 美国规格

墙纸：53cm × 10m　　27in × 8.8m

壁布：54in × 50 码　　54in × 30 码　　27in × 50 码　　27in × 7.6 码

注：in 单位为英寸　　1in=2.54cm　1 码 =0.9144m　1m=1.09 码

教你看懂墙纸标识
Read and understand wallpaper identification

我的个性你知道吗?

每个人都有自己的个性,100个人就有100种个性,墙纸也是一样的!所以,我们要学会"察言观色",好好认识一下墙纸的"个性"吧,这样你就不会在墙纸施工时迷茫无措了,能将墙纸最完美的一面展现在人们的面前,跟我来看看吧!

可用海绵擦拭	可洗涤	特别耐洗涤	可刷洗	特别耐刷洗
光照色牢度合格	光照色牢度良好	光照色牢度好	光照色牢度很好	光照色牢度极好
无须对花	平行对花	移位对花	上下交替粘贴	壁纸要涂胶水
墙上要涂胶水	基层已涂胶	整张干撕	国际优质环保认证	表层干撕
双层发泡印花	可双层切割	耐撞击		

墙纸用量的计算方法
The calculation method of the amount of the wallpaper

> 购买墙纸之前，要估算一下用量，以便一次性买足同批号的墙纸，减少不必要的麻烦，也避免浪费。

墙纸用量的计算方法

<1> 先要计算出整个房间铺满墙纸总的需要多少幅纸：

算法：房间周长 ÷ 墙纸的宽度 = 所需的幅数（进位取整数）

例：0.53m×10m 规格墙纸

假设房间周长为 20m(周长是扣除门和窗的宽度后的周长)

20÷0.53=37.7 幅 =38 幅（进位取整，也就是需要 38 幅纸）

<2> 再计算出每卷墙纸可以裁多少幅：

算法：墙纸的长度 ÷ 每幅墙纸的长度 = 每卷可裁出的幅数（去尾取整数）

对每幅墙纸的长度而言对花和不对花的墙纸计算有所不同。

不对花墙纸：

房间的高度 +10cm（上下各留 5cm）= 每幅墙纸的长度

例：0.53m×10m 规格，无须对花的墙纸，房高是 2.6m

10÷（2.6+0.1）=3.7 幅 =3 幅（去尾取整，也就是说可以裁 3 幅）

对花墙纸：

对花墙纸每幅墙纸所裁长度取决于墙纸的花距和房高。

例：0.53m×10m 规格，花距为 32cm 平行对花的墙纸，房高是 2.6m

墙面高 2.6m，1 朵花的高度为 32cm，需要 9 朵这样花的长度才能把墙面铺满，即 0.32cm×9=2.88m，所以每幅墙纸的长度是 2.88m。（第五章节"裁纸有方法"小节会详细讲解）

10÷2.88=3.5 幅 =3 幅（去尾取整，也就是说可以裁 3 幅）

一般情况下 10m 长规格的墙纸每卷能裁 3 幅纸。

<3> 计算所需卷数：

算法：所需墙纸的幅数 ÷ 每卷墙纸可裁出的幅数 = 所需卷数

例如：38 幅 ÷3=11.66 卷 =12 卷（进位取整）

<4> 计算余料是否足够贴门上及窗上、窗下

算法：每卷墙纸长度 – 每卷墙纸能裁墙纸幅数 × 每幅墙纸的长度 = 每卷剩余墙纸长度

每卷剩余墙纸长度 × 所需卷数 = 总剩余墙纸长度

门上墙纸总长度 + 窗上墙纸总长度 + 窗下墙纸总长度 = 门窗所需墙纸米数

门窗所需墙纸米数 < 总剩余墙纸长度，所以不需要增加墙纸卷数，所需卷数为最终墙纸所需卷数

门窗所需墙纸米数 > 总剩余墙纸长度，按照墙纸规格和超过的长度再增加 1—2 卷墙纸即为最终墙纸所需卷数

实例：计算出下图所示房间需要多少卷墙纸？墙纸规格：幅宽 53cm，长度 10m，花距：64cm 交错对花。

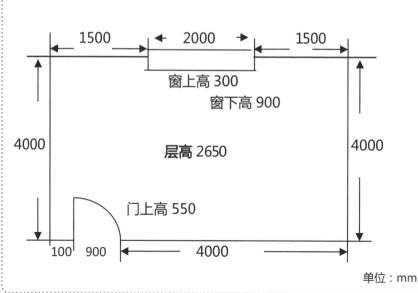

解

<1> 计算出整个房间铺满墙纸总的需要多少幅纸

墙体长度：1.5+1.5+4+4+4+0.1=15.1（m）

总幅数：　15.1/0.53=28.4 ≈ 29（幅）

<2> 计算出每卷墙纸可以裁多少幅

每幅墙纸的长度为：0.64×5−0.32=2.88（m）

每卷墙纸可以裁幅数：10/2.88 ≈ 3（幅）

<3> 计算所需卷数

29/3=9.6 ≈ 10 卷

<4> 计算余料是否足够贴门上及窗上、窗下

每卷墙纸剩余长度：10−2.88X3=1.36（m）

窗户所需米数：　0.64X1X4+0.64X2X4=7.68（m）

门头所需米数：　0.64X2=1.28（m）

门窗一共需要米数：7.68+1.28=8.96（m）

剩余米数　1.36X10=13.6 > 8.96

余料够贴，不需要再增加墙纸

答

所以总共需要 10 卷墙纸。

墙纸卷数对照表 根据不同幅宽的墙纸和层高，提供墙纸卷数对照表，仅供参考：

数量	幅宽 0.53m	幅宽 0.7m	幅宽 1.06m	所需卷数 层高 2.7m	所需卷数 层高 2.5m/2.2m	数量	幅宽 0.53m	幅宽 0.7m	幅宽 1.06m	所需卷数 层高 2.7m	所需卷数 层高 2.5m/2.2m
1	0.53	0.70	1.06			13	6.89	9.10	13.06		
2	1.06	1.40	2.06			14	7.42	9.80	14.06		
3	1.59	2.10	3.06	1卷		15	7.95	10.50	15.06	5卷	
4	2.12	2.80	4.06		1卷	16	8.48	11.20	16.06		4卷
5	2.65	3.50	5.06			17	9.01	11.90	17.06		
6	3.18	4.20	6.06	2卷		18	9.54	12.60	18.06	6卷	
7	3.71	4.90	7.06			19	10.07	13.30	19.06		
8	4.24	5.60	8.06		2卷	20	10.60	14.00	20.06		5卷
9	4.77	6.30	9.06	3卷		21	11.13	14.70	21.06	7卷	
10	5.30	7.00	10.06			22	11.66	15.40	22.06		
11	5.83	7.70	11.06			23	12.19	16.10	23.06		
12	6.36	8.40	12.06	4卷	3卷	24	12.72	16.80	24.06	8卷	6卷

墙纸卷数对照表
根据不同幅宽的墙纸和层高，提供墙纸卷数对照表，仅供参考：

续 表

数量	幅宽0.53m	幅宽0.7m	幅宽1.06m	所需卷数 层高2.7m	所需卷数 层高2.5m/2.2m	数量	幅宽0.53m	幅宽0.7m	幅宽1.06m	所需卷数 层高2.7m	所需卷数 层高2.5m/2.2m
25	13.25	17.50	25.06			63	33.39	44.10	63.06	21卷	
26	13.78	18.20	26.06			64	33.92	44.80	64.06		16卷
27	14.31	18.90	27.06	9卷		65	34.45	45.50	65.06		
28	14.84	19.60	28.06		7卷	66	34.98	46.20	66.06	22卷	
29	15.37	20.30	29.06			67	35.51	46.90	67.06		
30	15.90	21.00	30.06	10卷		68	36.04	47.60	68.06		17卷
31	16.43	21.70	31.06			69	36.57	48.30	69.06	23卷	
32	16.96	22.40	32.06		8卷	70	37.10	49.00	70.06		
33	17.49	23.10	33.06	11卷		71	37.63	49.70	71.06		
34	18.02	23.80	34.06			72	38.16	50.40	72.06	24卷	18卷
35	18.55	24.50	35.06			73	38.69	51.10	73.06		
36	19.08	25.20	36.06	12卷	9卷	74	39.22	51.80	74.06		
37	19.61	25.90	37.06			75	39.75	52.50	75.06	25卷	
38	20.14	26.60	38.06			76	40.28	53.20	76.06		19卷
39	20.67	27.30	39.06	13卷		77	40.81	53.90	77.06		
40	21.20	28.00	40.06		10卷	78	41.34	54.60	78.06	26卷	
41	21.73	28.70	41.06			79	41.87	55.30	79.06		
42	22.26	29.40	42.06	14卷		80	42.40	56.00	80.06		20卷
43	22.79	30.10	43.06			81	42.93	56.70	81.06	27卷	
44	23.32	30.80	44.06		11卷	82	43.46	57.40	82.06		
45	23.85	31.50	45.06	15卷		83	43.99	58.10	83.06		
46	24.38	32.20	46.06			84	44.52	58.80	84.06	28卷	21卷
47	24.91	32.90	47.06			85	45.05	59.50	85.06		
48	25.44	33.60	48.06	16卷	12卷	86	45.58	60.20	86.06		
49	25.97	34.30	49.06			87	46.11	60.90	87.06	29卷	
50	26.50	35.00	50.06			88	46.64	61.60	88.06		22卷
51	27.03	35.70	51.06	17卷		89	47.17	62.30	89.06		
52	27.56	36.40	52.06		13卷	90	47.70	63.00	90.06		30卷
53	28.09	37.10	53.06			91	48.23	63.70	91.06		
54	28.62	37.80	54.06	18卷		92	48.76	64.40	92.06		23卷
55	29.15	38.50	55.06			93	49.29	65.10	93.06	31卷	
56	29.68	39.20	56.06		14卷	94	49.82	65.80	94.06		
57	30.21	39.90	57.06	19卷		95	50.35	66.50	95.06		
58	30.74	40.60	58.06			96	50.88	67.20	96.06	32卷	24卷
59	31.27	41.30	59.06			97	51.41	67.90	97.06		
60	31.80	42.00	60.06	20卷	15卷	98	51.94	68.60	98.06		
61	32.33	42.70	61.06			99	52.47	69.30	99.06	33卷	
62	32.86	43.40	62.06			100	53.00	70.00	100.06		25卷

墙 纸 拼 花 规 律 对 照 表

花数	0.53m		0.64m	
	→|←	→|←	→|←	→|←
1	0.53	0.26	0.64	0.32
2	1.06	0.79	1.28	0.96
3	1.59	1.32	1.92	1.60
4	2.12	1.85	2.56	2.24
5	2.65	2.38	3.20	2.88
6	3.18	2.91	3.84	3.52
7	3.71	3.44	4.48	4.16
8	4.24	3.97	5.12	4.80
9	4.77	4.50	5.76	5.44
10	5.30	5.03	6.40	6.08

CHAPTER *2*

墙体处理
是贴墙纸的第一步

CHAPTER *2*

想要墙纸在墙上变成一种艺术，不但要对墙纸有所了解，对墙面的了解也是很有必要的，了解墙面就相当于造房子打地基的过程。大家都知道要建造一座大楼，最重要的就是打地基，只有地基打好了，才能继续建造，否则即便建好了也不过是一座"危楼"。墙纸施工也是同样的道理，只有把墙面处理好了，才是我们完美施工的保障。

首先来看看墙体与墙纸之间的结构：

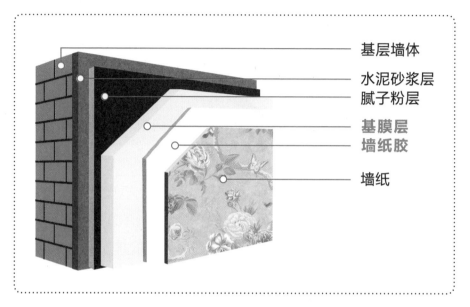

基层墙体

水泥砂浆层
腻子粉层

基膜层
墙纸胶

墙纸

　　从上面的结构图中我们可以看出墙纸是贴在最外面一层的，有人这样认为，既然墙纸是贴在最外层，那墙面简单处理下就可以了，反正外面还要贴一层墙纸，谓之"一俊遮百丑"，殊不知这正是"金玉其外败絮其中"。这正是装修人认识的误区，如果你也这样认为，那你就等着返工吧。我们换个角度想想，如果墙体不结实，腻子粉层不牢固，墙基膜层没作用，胶水不合格，我们的墙纸能贴得牢吗？所以要贴墙纸的墙体非常重要。那怎样的墙体才能贴墙纸呢？

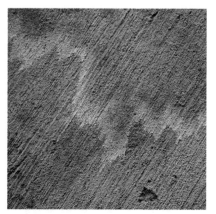

墙体检测
2.1
The wall detection

原则上贴墙纸的墙体必须平整、干燥、坚固、无污垢、酸碱度适中，如不符合上述条件，日后墙纸易产生霉变和翘边、变色等症状。墙体如此重要，因此在贴墙纸之前要对待贴墙面进行检测，看是否达到贴墙纸的要求。

2.1.1 平整度检测

待贴墙纸的墙面要求平整，墙面如果凹凸不平，墙纸铺贴效果会很差，会出现花不在一条水平线上、花会变形、对不上花等一系列问题。检测方法如下：

方法一：用2m靠尺等专业工具检测墙面平整度。

方法二：找一根长条形笔直木棍，紧贴墙面。如果墙面平整，那么整根木棍是应该完全和墙面紧密相接的；如果墙面不平整，则木棍会有局部或大部分翘起无法紧贴墙面。

方法三：用200W白炽灯靠在墙面的一侧照射，墙面平整度一目了然，检测的环境要暗些，最好是晚上检测。

2.1.2 干燥度检测

贴墙纸的墙面一定要干燥，水分过多，墙纸上墙后非常容易引起发霉。

检测墙面是否干燥最好使用专业设备——**水分测量仪**。

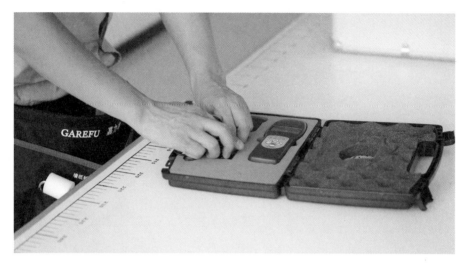

水分测量仪的使用方法：

<1> 轻按电源键接通整机电源。

<2> 检查选择的测量模式是否正确。测量模式的指示，由显示器上的符号"((•))"区分。若显示器上有符号"((•))"则测量模式为感应式，否则为针式测量模式。测量模式的转换，只要按下功能键不放，显示器上出现字母"CH"时，松开功能键就可实现。

<3> 测量代码的选择，测量不同的物体需选择不同的代码，测量墙面一般选择在cd18 左右。

<4> 在显示器上读数为 0 时测量，测量时，传感器下方 5cm 以内不得有手和金属等物，以免造成测量误差。水分测量仪有两种：一种为插入式，一种为感应式。

无论你采用哪种水分测量仪对墙体进行测试，含水量均不能超过 8%。

2.1.3 墙体硬度检测

无论在家装还是工装中，坚固度不够都是最常见的墙体问题之一，而且也是最棘手的问题。墙体硬度不够，牢固度不够，会导致墙纸脱落、翘边、开裂等一系列问题。

检测方法：

方法一：用拇指甲做压力试验，如试验部位无压痕，说明墙体硬度符合粘贴墙纸的要求。

方法二：用手掌摩擦，检查是否会产生粉末，如有粉末产生，说明该墙体硬度不达标，墙体松软粉化。

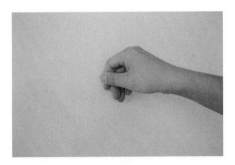

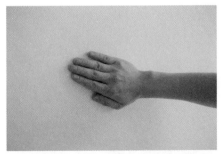

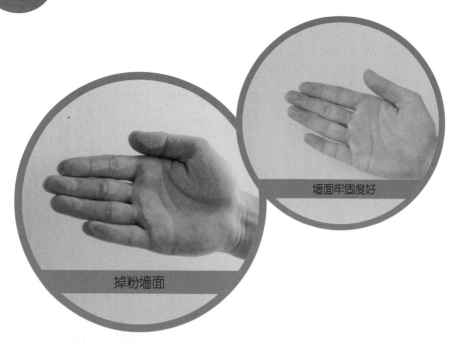

墙面牢固度好

掉粉墙面

　　方法三：用透明宽胶带测试。在墙上粘一条 10cm 左右的宽胶带，粘贴 5 分钟左右，快速将胶带撕下，如果胶带粘贴面干净则墙体牢固度好，反之，牢固度差。

2.1.4 墙体色差检测

　　检测墙面是否有污染，直接用眼睛观察即可，关键是要看墙面是否有色差、涂画痕迹等。

墙面顶部和下部颜色误差较大

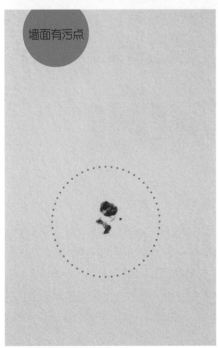

墙面有污点

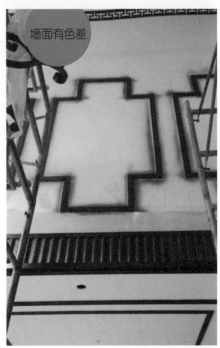

墙面有色差

2.1.5 墙体酸碱度检测

检测墙面酸碱度的目的是防止对碱性高敏感的墙纸遇碱时会产生变蓝变红等烧纸变色现象。

检测时用蒸馏水将墙面打湿一小块，将 pH 试纸贴到墙面上观察试纸颜色变化，pH 值在中性范围时试纸颜色是橄榄绿，如果墙面是碱性，试纸会变成蓝色等深色。

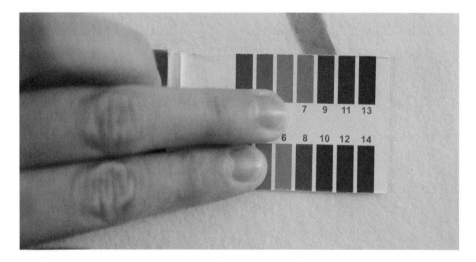

墙体施工酸碱度在 7—8 之间，如碱度达到 9 则说明墙体碱性过高，需要处理墙面。墙体碱性过大时可选用醋酸或草酸等酸性溶液涂刷墙面，这可以将墙体表面的碱性中和，然后再刷一道墙基膜封闭墙体，防止碱性外渗。

通过检测我们能及时发现墙面问题，事实上国内大多数的墙体都达不到墙纸粘贴要求，特别是要贴墙纸的基层，处理得更差，那该怎么办呢？不用慌，不用忙，有墙基膜来帮忙。

如何选择墙基膜

2.2

2
CHAPTER

Choose the wall primer

什么是墙基膜呢？

　　墙基膜是一种专业抗碱、防潮、防霉的墙面处理材料，能有效地防止施工基面的潮气水分及碱性物质外渗，避免对墙纸造成不良损害。

　　墙基膜是由水性高科技材料研制而成，对人体无害，在环境中也无不良气体挥发，比起使用传统的清漆来说，更有效地保护了室内环境，使用寿命也比清漆延长三至五倍。其中防潮膜更是采用了弹性分子材料，还能在墙体出现微裂缝的情况下，有效保护墙面。

　　墙基膜主要有以下作用：在墙纸和墙面中间形成一道坚硬的保护膜，固化和保护腻子表层便于墙纸粘贴，也方便二次墙纸施工。更重要的是，墙基膜会在墙面形成一层致密的保护膜，有效地隔绝墙体潮气和霉菌对墙纸的损坏，起到防潮防霉的作用，有效延长墙纸的使用寿命。

　　市面上墙基膜品种繁多，应该如何选择呢？墙基膜的选择要根据不同墙面的情况而定，不同的墙面要采用不同的墙基膜来解决墙体问题，所以选择墙基膜很重要。有人问我，有没有一种墙基膜能解决所有墙体问题？没有。打个通俗的比方，有没有一种药能包治百病？很显然没有。同样，墙体问题各不相同，应根据墙面情况有针对性地选用墙基膜，没有哪一种墙基膜是最好的，只有最合适这种墙体的墙基膜才是最好的。下面将市面上最常见几种功能性墙基膜的产品特性、使用方法、涂刷面积、适用范围做个简单介绍，便于我们选择。

2.2.1 标准型基膜

针对标准墙体，标准墙体是指平整、干燥、牢固、无污染、酸碱度适中的墙体。

产品特性：

<1> 成膜透明。

<2> 干燥时间快。

<3> 施工方便。

使用方法：根据墙体吸水率与施工气候环境，每升墙基膜可加入 20%—50% 清水稀释，充分搅拌后即可施工，切勿过度稀释。

涂刷面积：每升可涂刷 15—22 ㎡，实际涂刷面积因施工方法及表面粗糙程度变化而不同。

适用范围：适用于多孔吸收性墙体，针对标准墙体。

2.2.2 渗透型基膜

针对松软掉粉的墙体，渗透腻子粉到达墙体内部，加固腻子粉与墙体之间和腻子粉之间的牢固度。

产品特性：

<1> 超强 EST 渗透因子，深入墙体，具有优异的附着力和防水性。

<2> 增加墙体柔韧性，弥盖细微裂痕。

<3> 耐磨抗划性优异。

<4> 抗击性强。

<5> 卓越的抑制粉化分层，有效地抗微生物侵害。

使用方法：根据墙体吸水率与施工气候环境，每升墙基膜可加入不超过原液 30% 的清水稀释，粉化严重的墙体，建议不加水稀释，充分搅拌后即可施工，切勿过度稀释。

涂刷面积：每升约可涂刷 10—15 ㎡，实际涂刷面积因施工方法及表面粗糙程度变化而不同；

适用范围：适用于腻子粉墙面，轻、重钙多孔性墙面，混合砂浆墙面，石膏板硅钙板等多种墙体基面及各种墙纸粘贴前的表面处理。针对松软掉粉的墙体使用效果更佳。

2.2.3 金刚型基膜

针对易裂墙体和反复更换墙纸的墙体，成膜厚、强度大、耐磨、防裂、抗击性强。
产品特性：

<1> 硬度高，是普通墙基膜的 2 倍，耐磨抗划性强。

<2> 成膜厚度高，能增加墙体柔韧性，抗裂性能强。

<3> 干燥快、防潮、抗碱性强。

<4> 抗击性强。

<5> 强效防霉抗菌。

使用方法：根据墙体吸水率与施工气候环境，每升墙基膜可加入 50%—100% 清水稀释，充分搅拌后即可施工，切勿过度稀释。

涂刷面积：每升约可涂刷 15—25 ㎡，实际涂刷面积因施工方法及表面粗糙程度变化而不同。

适用范围：适用于腻子粉墙面，轻、重钙多孔性墙面，混合砂浆墙面，石膏板等多种墙体基面及各种墙纸粘贴前的表面处理。针对易裂墙体和反复更换墙纸的墙体使用效果更佳。

嘉力丰标准常规基膜　　嘉力丰超强渗透基膜　　嘉力丰超硬金刚基膜

2.2.4 覆盖渗透型基膜

针对有污染或者有色差的墙体，加固墙体并覆盖污染和色差，形成坚固的白色墙体。

产品特性：

<1> 具有超强渗透力的同时还能在基层表面迅速成膜，覆盖墙体表面杂色。

<2> 强效抗碱化、抗碳化功能。

<3> 在潮湿的环境下同样具有杀菌、防霉、防潮特性。

<4> 强化基层的抗开裂性。

使用方法：根据墙体吸水率与施工气候环境，每升墙基膜可加入不多于 30% 清水稀释，充分搅拌后即可施工，切勿过度稀释。

涂刷面积：每升可涂刷 10—15 ㎡，实际涂刷面积因施工方法及表面粗糙程度变化而不同。

适用范围：针对有色差的各类墙体。

2.2.5 墙基宝

针对乳胶漆墙面，采用纳米技术，能够渗透乳胶漆，加固腻子粉与墙体和腻子粉之间的牢固度，并在表面形成坚固的保护膜。

产品特性：

<1> 纳米级——防潮更耐用、内含弹性分子材料：能在墙体出现微裂缝的情况下，有效保护墙面。聚合物呈纳米级正态分布，结构紧密没有空隙，更具有良好的防潮、抗菌性能，长久保持墙壁亮丽如新。

<2> 结晶化——内外防护层：产品涂刷后可在基面形成 800—1000 μm 的保护膜，防止基层中多余水分、潮气、碱性物质外渗，阻止墙体表面产生细菌，达到保持墙体光洁鲜亮、延长墙纸使用寿命的目的，使基层更坚固、耐久。

<3> 活性炭——环保除污染：产品内含极具活力的碳离子，具有物理吸附和化学分解的双重特性，可高效清除甲醛、苯、甲苯、二甲苯、TVOC 等有害物质，并可杀菌除臭，释放负离子，确保室内空气自然清新，保护家人健康。

使用方法：使用前应搅拌均匀，根据墙体吸水率与施工气候环境，每升墙基膜可加入 0%—20% 的清水稀释，切勿过度稀释，以免影响使用效果，另外产品不稀释也可直接使用。

涂刷面积：每升可涂刷 10—15 ㎡，实际涂刷面积因施工方法及表面粗糙程度变化而不同。

适用范围：乳胶漆墙面。

2.2.6 抗碱封闭基膜

抗碱封闭墙基膜涂层对混凝土附着力超强，封闭性强，能有效隔绝墙体中的液态水分外渗，防止石灰、混凝土等碱性物质腐蚀墙纸，强效抗碱。

产品特性：

<1> 封闭性能强，填充性佳，能封闭基材细孔，使墙面平整光滑，对基层起到保护功能，彻底封闭、杜绝外来的一切酸性和碱性物质的渗透，有效防止墙纸发黑、发霉、"烧纸"等现象。

<2> 抗碱封闭墙基膜涂层对混凝土附着力超强，封闭性强，能有效隔绝墙体中的液态水分外渗，防止石灰、混凝土等碱性物质腐蚀墙纸，强效抗碱。

<3> 黏结力强，提高基面附着性。

<4> 良好的水汽透散性能。

<5> 成膜硬度更高，抗裂性能强，使用寿命更长。

<6> 超强的渗透因子，深入墙体，增加墙体柔韧性。

使用方法：清水稀释，加水量≤ 50%。

涂刷面积：涂刷面积为 15—22 ㎡/L。

适用范围：偏碱性的腻子粉墙面。

嘉力丰覆盖渗透型基膜　　嘉力丰墙基宝　　嘉力丰金刚抗碱封闭基膜

2.2.7 多效全护墙基膜

多效全护墙基膜，针对各种墙体特点综合研发的一款功能型产品。本产品具有成膜厚、硬度高、防水高效等特点，可同时在墙面和墙内形成无缝的整体保护膜，双重保护墙纸和墙体。

涂刷后，能有效保护墙体基层，避免墙体中的水分及碱性外渗，防霉防潮，保障墙纸施工质量，延长墙纸使用寿命。

另外，产品特别添加了"天然活性竹炭因子"，通过竹炭高度发达的孔隙结构，形成强大吸附力，具有净化空气的作用。

产品特性：

成膜硬度高，有效保护墙体；抗击性能强，全效保护墙体；

防水性能好，全面保护墙纸；防霉效果佳，延长墙纸寿命；

多范围使用，施工方便快捷；添加竹炭因子，有效净化空气。

使用方法：每升墙基膜可加 30%—70% 的清水（加水量视墙体吸水率与施工环境而定）。

涂刷面积：15—25 ㎡/L（实际涂刷面积因施工方法及墙体表面粗糙程度变化而不同）。

适用范围：适用于多种墙体基面（如腻子粉墙面，轻、重钙多孔性墙面，混合砂浆墙面等）。

嘉力丰多效全护墙基膜

2.2.8 墙基膜施工的注意事项

<1> 刷墙基膜前要对瓷砖、地板进行保护，以免弄脏。

<2> 使用前仔细看墙基膜使用说明，按兑水比例进行兑水，不能超过说明中的兑水比例。

<3> 墙基膜用滚筒进行滚涂，从墙面1m高处往上滚涂，然后上下来回滚涂。

<4> 墙基膜要涂刷均匀，不能有漏刷，漏涂。

<5> 滚涂均匀的墙面有一层墙基膜保护层，有光泽。

<6> 天花板顶上阴角处，地脚线边上、阴角处要用小毛刷涂刷。

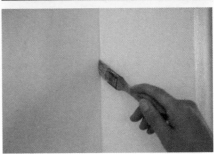

<7> 对于牢固度较差的墙面要涂刷2遍墙基膜，要等墙基膜干了之后再涂刷第2遍墙基膜。墙基膜的干燥时间根据施工现场温度、湿度确定。在常温下，表干约需0.5h，实干约需24h。

<8> 如果不小心将墙基膜滚落在瓷砖、地板上，或者不小心在门边框、家具上涂刷到了，要立即用毛巾擦拭，墙基膜干了之后很难擦干净。

不同墙面基层处理

2 **CHAPTER**

2.3

Different metope processing

> 墙面的基层处理是贴墙纸至关重要的一环，基层处理的好坏不仅决定施工人员能否对墙纸进行顺利粘贴，而且决定了粘贴质量和墙纸使用寿命。这项工作非常必要，虽然有时很浪费时间，并且使人感到劳累，但如果因此无视基层处理，造成施工缺陷，往往得不偿失。那么，针对不同的基层，该采取什么样的处理方法呢？

2.3.1 腻子粉墙面

不同墙面基层处理

最适合贴墙纸的墙面是腻子粉墙面，但腻子粉质量和油漆师傅施工标准不一样，导致腻子粉墙面质量参差不齐，不同的腻子墙面该如何处理呢？

<1> 不掉粉，无色差的腻子墙面用标准墙基膜或者金刚墙基膜涂刷一遍或两遍就可以贴墙纸。

<2> 掉粉的腻子墙面要用渗透墙基膜进行处理，轻微掉粉，刷一遍渗透墙基

膜即可；掉粉较严重，先刷一遍渗透墙基膜，再刷一遍金刚墙基膜；掉粉非常严重的，重新批腻子。

<3> 有色差的腻子墙面，轻微的用覆盖渗透墙基膜处理，色差严重时要先把墙面处理成白色，再刷墙基膜。

乳胶漆墙面我们也称为涂料墙面。

此种墙面比腻子粉墙面要光滑，防潮抗碱能力差，硬度也不够，直接粘贴墙纸容易发生问题。

乳胶漆墙面首先要检测墙面牢固度，检测方法前文已经说过，我们再来回顾一下，用透明宽胶带在墙上粘一条 10cm 左右的胶带，5min 之后，快速将胶带撕下，撕下来的胶带有三种情况：

第一种情况：胶带粘贴面比较干净，说明墙体牢固度还好，这样的墙体我们只需要刷一遍墙基宝就可以了。

第二种情况：胶带上有少许乳胶漆脱落，说明墙体牢固度不够好，这样的墙面我们要先刷一遍渗透墙基膜，加固乳胶漆层和腻子层的牢固度，渗透墙基膜干了之后再刷一遍墙基宝，这样贴墙纸就不会将乳胶漆层粘落下来。

第三种情况：胶带上粘有大片大片成块的乳胶漆，这样的墙面建议铲掉墙面重新做墙面。这种情况比较少，一般年数较长的房子会出现这种情况。

刷过墙基宝后墙面

未刷过墙基宝墙面

木工板墙面直接贴墙纸会鼓包，因为胶水中含有水分，木工板贴上墙纸会受潮，受潮后木板会变形，鼓包。

对于这种墙面应该先在上面刮一层腻子粉，在涂刷标准或金刚墙基膜后进行墙纸施工。

先批腻子 再刷墙基膜

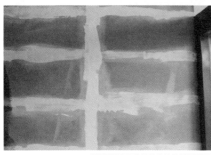

接缝处批腻子 刷墙基膜

接缝处批腻子墙面会有色差，贴浅色墙纸会透底，全批则不会。

如果木工板上已经刷了底漆，这样的木工板是可以直接粘贴墙纸的。

如果木工板上刷了光面漆，就无法直接粘贴墙纸了。面漆表面非常光滑，墙纸没有着力点，即使粘贴上去墙纸也会脱落。因此要在刷了面漆的木工板上进行墙纸施工，关键点是要破坏木板上的面漆。

破坏面漆的方法有很多，可以用砂纸打磨，也可以用钢丝球刮磨等等。

推荐比较常用的方法是在有面漆的墙面上用刀子在面漆上划"井"字形的网格纹增加附着力。注意用刀的力度不要割破木工板上的底漆，清洁干净表面后即可直接粘贴墙纸。

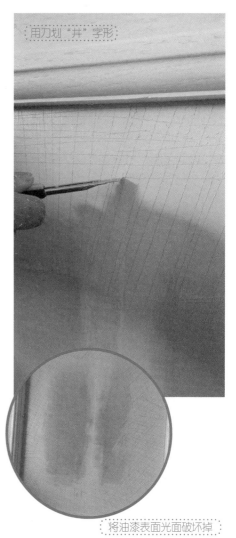

用刀划"井"字形

将油漆表面光面破坏掉

石膏板也是不能直接粘贴墙纸的。因为石膏中含有碳酸钙，碳酸钙遇到水后会产生气体。墙纸胶中是含有一定水分的，所以直接在石膏板上粘贴墙纸会造成墙纸气泡。

处理方法：首先用加胶水的石膏腻子，补平接缝和钉眼；然后刮腻子，干燥后打磨光滑、平整，阴阳角顺直；最后刷墙基膜一遍或两遍就可以进行墙纸粘贴。

原始毛坯房

<1> 刚建成的毛坯房一般是混凝土水泥，大部分建成交到业主的手上的毛坯房都是这样子，我们把这种毛坯房称为原始毛坯房。

处理方法：这种房子处理很简单，只要刮上 2—3 遍腻子，将墙面刮平整，阴、阳角，窗户，门框要求横平竖直；待墙面完全干燥再涂刷标准墙基膜或金刚墙基膜。

刮了白水泥的毛坯房

<2> 个别地区的毛坯房用白水泥刮平，这种基层也是不能直接贴墙纸的，虽然白水泥墙面的硬度是非常好，但是水泥的孔非常多，容易发生渗水散发水分，从而导致墙纸发霉或是泛碱导致墙纸变色等问题。

> **处理方法：** 如墙面没有沙砾且平整的话我们涂刷金刚墙基膜后直接粘贴墙纸。如白水泥墙面有沙砾或不平整，则需要在刮一层腻子粉后涂刷标准墙基膜或金刚墙基膜后再进行墙纸粘贴。

2.3.6 玻璃墙面

不同墙面基层处理

玻璃上能贴墙纸吗？

我相信很多人都问过类似的问题，也有很多人觉得像玻璃这么光滑的表面是贴不住墙纸的。

其实玻璃表面是有很多微孔的，有附着力，只要粘贴前清洁干净玻璃表面就可以直接粘贴墙纸。

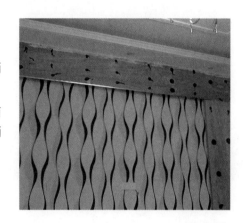

不同墙面基层处理

2.3.7 仿瓷墙面

仿瓷墙面在北方地区比较常见，这种墙面光滑、硬度高。

这种墙面能否直接粘贴墙纸呢？其实仿瓷墙面是可以直接粘贴墙纸的，但是你的速度一定要快。

仿瓷墙面有个特点，一旦遇水后会变软，变软后的仿瓷墙面在墙纸施工拼花对花的时候移动墙纸就会带起墙面。

为了避免这样的事情发生我们也可以在墙面涂刷墙基膜，等其完全干燥之后再进行墙纸粘贴。

CHAPTER *3*

CHAPTER *3*

选胶用胶
有学问

CHAPTER *3*

你是否经常为墙纸接缝发黑，而苦寻原因未果？是否为掌握不好胶水调配最佳比例而烦恼？墙纸胶水的选择是墙纸施工的保障，墙纸胶水调配的好与坏直接影响到我们的施工，一个熟练的墙纸施工技师，对于墙纸胶的要求会非常高。其实墙纸胶的学问很大，很多人在施工的时候，不知道如何选择和调配胶水来保证墙纸施工的质量！在这里把各种墙纸胶的特点和使用方法做个详细的介绍。

糯米胶
Plant Fibre Glue

糯米胶采用食用糯米淀粉为主要原料，具有调兑方便，粘力强且持久，施工便利，流平性能优异等特点。适用于各种墙纸，又称之为"通用型胶水"和"万能胶水"。糯米胶环保、安全、无毒，有些大厂家的糯米胶环保等级达到可食级别，被称为"可以吃的糯米胶"，正是有这些优点，糯米胶是现在市场上最常用、最主流的一种墙纸胶。

糯米胶调配方法

搅拌器调胶法

以每袋 2kg 为例，建议可分 3 次加水，实际加水次数由施工习惯和施工技巧决定。

<1> **清洗**：在配置前请确保工具（桶、搅拌工具等）清洁。

我最重要 IMPORTANT

<2> **倒胶**：用剪刀沿袋子封口剪开，将袋子开口对向桶底，同时将袋子底部压在桶沿，用手施力挤出胶。

<3> **调制**：加水之前用搅拌器将糯米胶打散调至拉丝状，利于糯米胶调兑时充分吸水，胶液均匀无颗粒产生。

倒胶

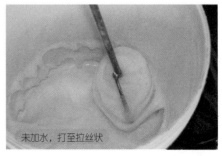
未加水，打至拉丝状

<4> 第一次加水：第一次加水300ml 左右，约大半瓶矿泉水。充分搅拌，持续打胶一分钟左右，让胶与水完全融合，胶液呈糊状。

<5> 第二次加水：第二次加水600ml 左右，约满满一瓶矿泉水。持续打胶一分钟左右，将胶体完全与水融合，充分搅拌稀释。

第一次加水 300ml，约大半瓶矿泉水

第二次加水约 600ml，约满满一瓶矿泉水

第一次加水，未充分搅拌前
第一次加水 300ml，充分搅拌后

VS

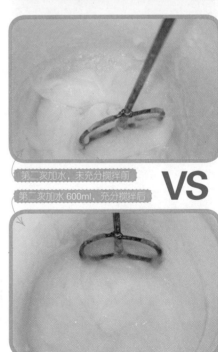

第二次加水，未充分搅拌前
第二次加水 600ml，充分搅拌后

VS

<6> **第三次加水**：第三次加水 1100ml 左右，约两瓶矿泉水。持续打胶 30—40s，使胶体完全与水融合，充分搅拌稀释。总加水量 2000ml 左右，调好的糯米胶呈均匀糊状，充分吸水，无颗粒、硬块。

糯米胶调配方法

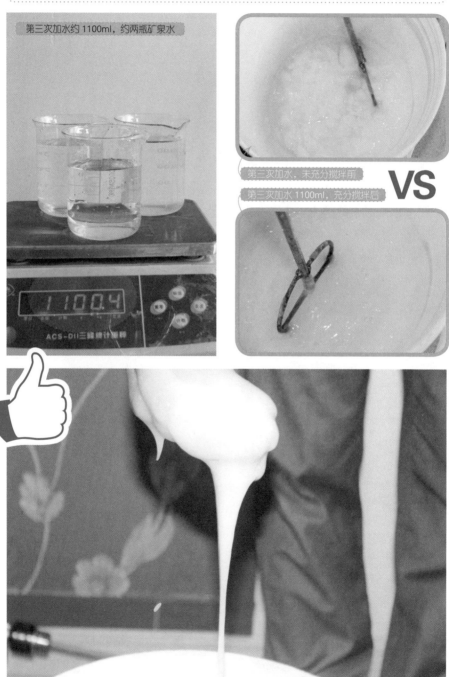

第三次加水约 1100ml，约两瓶矿泉水

第三次加水，未充分搅拌前

第三次加水 1100ml，充分搅拌后

VS

手调调胶法

建议可分 4 次加水，实际加水次数由施工习惯和施工技巧决定。

<1> 清洗：在配置前请确保工具（桶）清洁。

<2> 倒胶：用剪刀沿袋子封口剪开，将袋子开口对向桶底，同时将袋子底部压在桶沿，用手施力挤出胶。

<3> 调制：加水之前用手将糯米胶打散调至拉丝状，利于糯米胶调兑时充分吸水，胶液均匀无颗粒产生。

倒胶

未加水，搅至拉丝状

<4> 第一次加水：第一次加水 250ml 左右，约半瓶矿泉水。充分搅拌，持续打胶一分钟左右，让胶与水完全融合，胶液呈糊状。

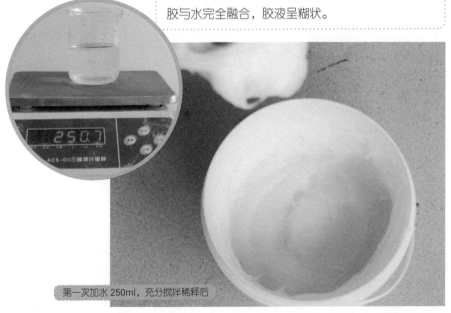

第一次加水 250ml，充分搅拌稀释后

糯米胶调配方法

糯米胶调配方法

<5> **第二次加水：** 第二次加水 250ml 左右，约半瓶矿泉水。持续搅拌稀释一分钟左右，使胶体完全与水融合。

第二次加水 250ml，充分搅拌稀释后

<6> **第三次加水：** 第三次加水 500ml 左右，约一瓶矿泉水。持续搅拌稀释一分钟左右，使胶体完全与水融合。

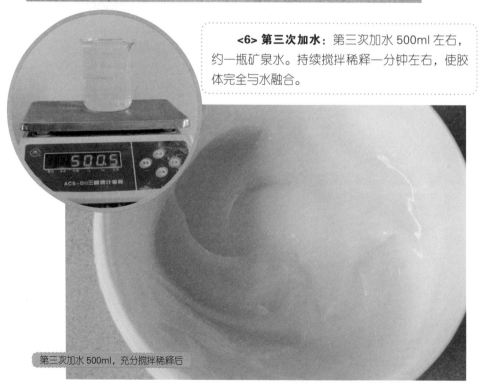

第三次加水 500ml，充分搅拌稀释后

<7> 第四次加水：第四次加水1000ml左右，约两瓶矿泉水。持续搅拌稀释一分钟左右，使胶体完全与水融合。总加水量2000ml左右，调好的糯米胶呈均匀糊状，充分吸水，无颗粒、硬块。

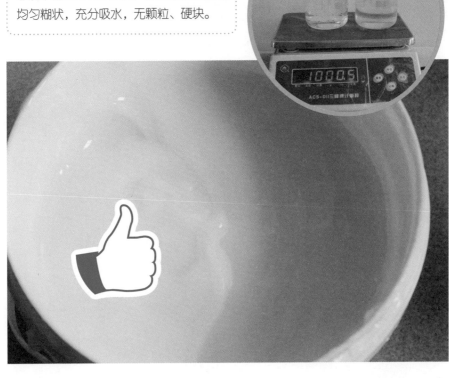

嘉力丰学院

我来推荐

好墙纸配好胶水，好胶水首选糯米胶。嘉力丰学院向您推荐嘉力丰糯米胶，品牌保证，高新企业，欧盟规格，值得信赖。

中国环境标志认证　　高新技术企业　　欧盟SVHC环保标准

嘉力丰糯米胶所获得认证

嘉力丰竹炭净味糯米胶

胶粉　胶浆

3.2
Wallpaper GLue Powder   Wallpaper GLue

胶粉和胶浆是使用最早的墙纸胶。

胶粉以纯天然马铃薯淀粉为原料，绿色环保、黏结力超强、高效水溶、性能稳定。胶粉有两种：

一种是普通胶粉，此种胶粉由于黏结力不足，需要和胶浆配比使用，增加胶水的黏性，最佳的配比为 1：1，即一盒胶粉与一瓶胶浆混合使用。

嘉力丰多蓝图墙纸胶浆

嘉力丰多蓝图墙纸胶粉

胶浆采用合成树脂为原料，应用国际先进技术工艺聚合而成。胶浆一般不单独使用粘贴墙纸，通常和胶粉配套使用。胶浆有白胶浆和透明胶浆。

我来建议

嘉力丰学院

胶粉和胶浆组合只适用于 400g 以内的胶面墙纸，切忌不能适用于金属墙纸和带有金属粉的墙纸，特别是带有金属粉的无纺布墙纸，易使墙纸变色。

另一种是免胶浆胶粉，也就是我们常说的超强粘力王。此种胶粉黏度是普通胶粉的2倍，能有效提高墙纸黏结力并防止墙纸发黄、开裂、翘边等。因其超强的黏结力，施工时无须和胶浆混合使用。

嘉力丰超强粘力王免胶粉

胶粉和胶浆组合使用调配方法

<1> 在配制前确保工具清洁。

<2> 在调胶桶中倒入4—5kg的水。

在调胶过程中，施工人员要根据墙体、墙纸、气候、温度、湿度情况，确定水的具体量；普通墙纸，可倒入5kg水，厚重墙纸，加入4kg水。

<3> 缓慢倒入胶粉，同时开始搅拌，直至胶粉与水均匀混合。

<4> 放置10min左右（免胶浆胶粉放置15min），待胶粉充分溶解，然后用搅拌器搅拌均匀。

<5> 按1:1的配比加入胶浆，并充分搅拌，即可制成效果优异的墙纸胶液。

胶粉和胶浆是使用最早的墙纸胶，随着新型墙纸的出现和粘贴要求的提高，胶粉和胶浆已不能满足墙纸粘贴的需求，正逐步退出历史舞台，被糯米胶所取代。

植物纤维胶

嘉力丰植物纤维胶

植物纤维胶萃取小麦、玉米等天然植物中的微纤维，是天然有机物聚合的环保型产品，为您创造绿色健康的纯净居室环境。产品具备超强黏结力的同时更有优异的流平性，易调对、易施工、易擦洗，大大降低了施工难度，保证墙纸高品质粘贴效果。植物纤维胶 pH 值为中性，适用于各种墙纸的粘贴，也是通用型胶粉，对厚重的墙布也非常有效。

调配方法：参照糯米胶调配方法。

兑水配比表：

墙纸种类	比例（胶∶水）	黏度值（Pa·s）	粘贴面积（㎡）
轻墙纸	1∶（1.2—1.5）	41000—45000	15—22
重型墙纸	1∶0.8	67000	12—18

防霉胶

防霉胶是嘉力丰首创防霉型墙纸胶，主要成分是纯天然植物淀粉、水，添加 UV 作用基反应型抗菌单体，采用干膜防霉技术，在室内胶体干燥成膜过程中，具有强紫外杀菌作用，对于细菌、霉菌、酵母菌等具有广谱抗霉效果，抗菌时效长，有效地解决了墙纸容易发霉的常见弊病。适用于各类墙纸。

施工方法：开盒后先将胶液搅拌均匀，用毛刷或滚筒直接上胶。涂刷面积：14—18 ㎡ / 盒。

嘉力丰防霉胶

3.4

纯纸专用胶 柏宁胶

强力墙布胶

嘉力丰强力墙布胶

强力墙布胶

强力墙布胶以合成树脂、淀粉为原料，采用国际先进技术生产而成，具有施工便利、黏力强、干燥时间快等多重优点，是厚重墙纸、墙布专用胶粘产品。涂刷面积为 4—5 ㎡/kg。

使用方法：打开搅拌均匀即可使用。

纯纸专用胶

嘉力丰纯纸专用胶

纯纸专用胶主要成分是植物淀粉、特级醋酸乙烯，无须添加任何物质，确保粘贴品质。具有黏结强度高；易于移动，施工方便；收缩率小，无裂缝之忧；环保无毒，安全可靠等特点。适用于各类纯纸墙纸的粘贴。涂刷面积为 10—12 ㎡/kg。

使用方法：开罐后搅拌均匀即可使用；请勿涂刷太多太厚的胶料；建议将胶液均匀涂刷在墙体基面，再粘贴墙纸；闷胶时间不要太长。

柏宁胶以纯天然植物淀粉为主要成分。具有黏力超强、长久保持、防霉防潮、性能稳定、抗冻性强、冻融稳定、无须调兑、施工方便等特点。适用于各类墙纸、墙布，尤其是厚重墙纸墙布，纺织面类墙布，石英纤维壁布。

使用方法：无须调兑，打开即用。涂刷面积：5—6 ㎡/kg。

柏宁胶

嘉力丰柏宁胶

CHAPTER 4

墙纸专用
施工工具

CHAPTER

　　专业造就经典，完美的施工效果离不开专业的施工工具。俗话说"工欲善其事，必先利其器"，在施工过程中选用合适的工具，为我们的墙纸施工带来了极大的便利，同时也大大提高了我们的工作效率，这是完美施工的保障。

　　"刮板小刀走天下"的施工状态已一去不复返，为了提高施工效果和效率，墙纸施工技术人员也是绞尽脑汁。但是师傅们面对琳琅满目的工具，却是无从选择，如何在众多的工具中选择一款适合自己的工具呢？今天就带领大家走墙纸施工工具世界。

毛刷

采用马鬃（或猪鬃）制作而成，根据其毛的长短有长毛刷、中毛刷和短毛刷。长毛刷较软，短毛刷相对较硬。

用途：

适用于各类墙纸、壁布的施工，用于墙纸表面铺平，赶出余胶和气泡，有利于墙纸表层的保护，使施工更简便、高效，提高施工速度。更适合纯纸、无纺布、纱线、植绒、纺织材质、天然材质等墙纸，使用刮板施工时容易伤害表面的墙纸材质可使用短毛刷。

使用方法：

毛刷要与墙面成垂直状，切忌毛刷倾斜，造成毛刷的木质手柄刮伤墙纸。

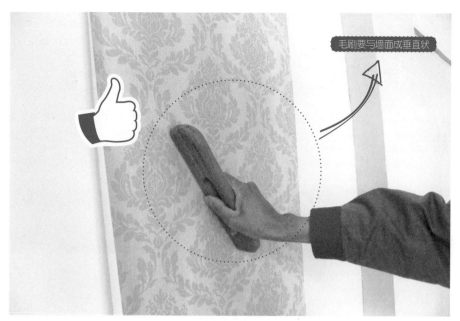

毛刷要与墙面成垂直状

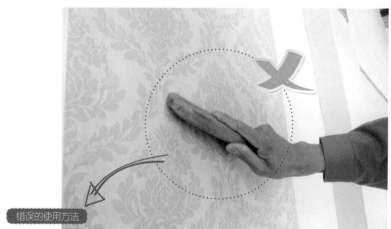

错误的使用方法

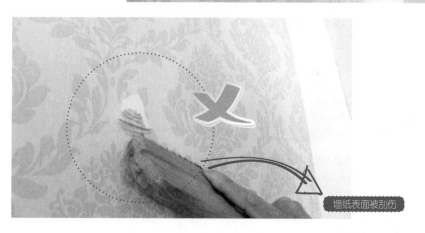

墙纸表面被刮伤

平压轮

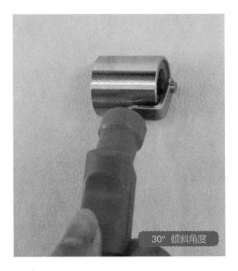

30° 倾斜角度

PM 平压轮采用高密 PM 材料制作，相对较硬。

用途：用于墙纸接缝处的处理，通过压滚排放墙纸接缝处空气，使接缝处墙纸与墙体连接更加紧密，防止墙纸翘边、开缝。

使用方法：

<1> 使用前把压轮擦干净，特别是保证压轮上无墙纸胶水，防止污染墙纸表面。

<2> 使用时和接缝有 30° 的倾斜角度。

<3> 使用时切忌用力过大，造成墙纸有压痕。

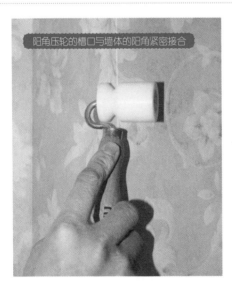

阳角压轮的槽口与墙体的阳角紧密接合

阳角压轮

PM 阳角压轮采用高密 PM 材料制作，相对较硬。

用途：用于阳角位置墙纸的施工，待墙纸粘贴完毕后，阳角处易空鼓，需要使用阳角压轮处理，使阳角处更加完美。

使用方法：阳角压轮的槽口与墙体的阳角紧密接合，上下来回滚动。

阴角压轮

> PM 阴角压轮采用高密 PM 材料制作，相对较硬。

紧贴阴角位置，确保阴角位置空气排放。阴角处处理要轻柔

用途：用于阴角位置墙纸的处理，墙的转角阴角、房顶处、踢脚线、门框、窗户和造型等阴角处，都是墙纸易开裂的主要地方，因此使用阴角压轮处理是非常必要的。

使用方法：紧贴阴角位置，来回上下滚动，确保阴角位置空气排放干净，墙纸与阴角没有空隙，严丝合缝。

和接缝有一定的倾斜角度

不锈钢压轮

> 采用不锈钢材料制作，防止静电，压轮面上有细小纹路防滑，压轮半径小，方便细小位置的细节处理。

用途：用于墙纸接缝处的处理，特别适用于纯纸墙纸，在丝绸墙纸施工过程中体现非常大的优势。

使用方法：和平压轮一样。

TOOL WALLPAPER 06

大理石压轮

和接缝有一定的倾斜角度

采用大理石材料制作，表面光滑，硬度高，自身较重。

用途： 用于墙纸接缝处的处理，特别适用于墙布和厚重墙纸的接缝处理。

使用方法： 和平压轮相同。

叠边裁切

TOOL WALLPAPER 07

墙纸裁刀

又称墙纸裁纸尺，用于墙纸裁切时，保证裁切的墙纸边是直线。

用途： 多用于叠边裁切，也可以用于顶部和踢脚线位置的裁切，还可用于墙纸施工之前的墙面处理。

使用方法： 使用于顶部和踢脚线位置的墙纸头的裁切时，其与墙体的夹角小于 45°。

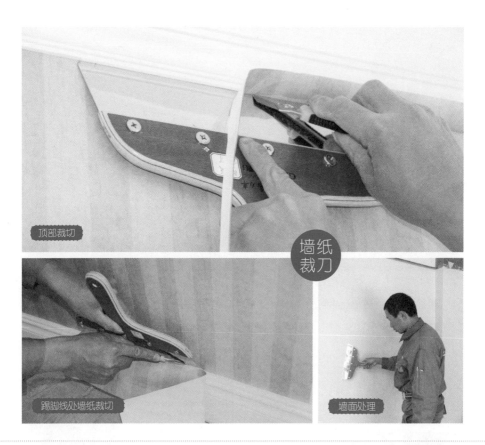

顶部裁切

踢脚线处墙纸裁切

墙纸裁刀

墙面处理

TOOL WALLPAPER

08

墙纸刀

用途： 适用于墙纸的裁切，适用于墙纸上下两头多余零头的裁切和墙纸裁缝。

使用方法： 使用时，推出刀片 2—3 节，刀与墙面的夹角要控制在 25°—30° 之间，使用刀刃裁切，不是使用刀尖裁切，特别是墙纸叠边裁切时，更要注意。

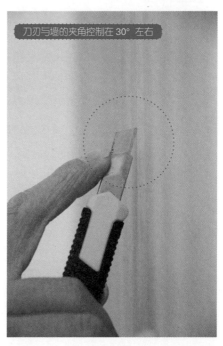

刀刃与墙的夹角控制在 30° 左右

铝合金墙纸尺

用于墙纸裁切时，保证裁切的墙纸边是直线，一套有两把直尺，一把使用于桌上裁纸，一把使用于墙面上裁纸。

用途：多用于叠边对裁，纯纸腰线处的叠边裁。

使用方法：叠边对裁时，铝合金墙纸尺把墙纸压得更紧，使用起来比裁刀更加方便快捷。

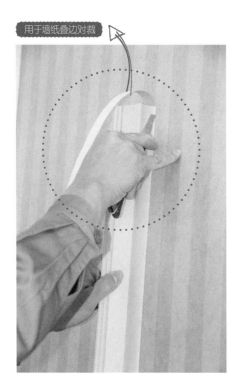

用于墙纸叠边对裁

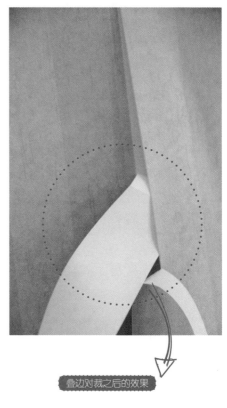

叠边对裁之后的效果

环刃墙布刀

用途：适用于墙布和纺织面料墙纸的切割，由于是环形的，有效避免出现毛边、拉丝等现象，更能有效防止墙面受损。

使用方法：将塑料拉环轻轻往后拉，控制好环形刀片的深度，刚好割破墙纸，而不损伤墙面。使用完之后及时关闭，避免伤手。

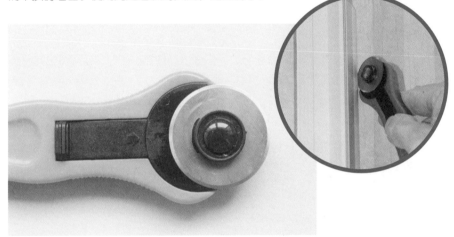

帆布工具包

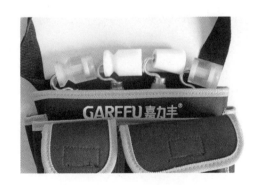

用途：用于墙纸施工时，装上需要用的工具，系在腰上，需要时随时可取，方便施工，提高工作效率。

TOOL WALLPAPER 12

海 绵

用途及使用方法：

<1> 在对天然材质墙纸、纱线墙纸、纺织面墙纸壁布施工时，使用海绵向墙纸背面擦水，这几类墙纸采用墙纸背面擦水，墙面上胶。

<2> 施工过程中有溢胶现象时，使用海绵最小范围内把溢出的胶水吸掉。

<3> 擦洗施工工具。注意：现在施工想实现不溢胶，采用浓胶薄涂的方式即可做到，因此不需要用海绵擦拭接缝处。切忌施工时使用海绵擦拭接缝处，避免造成接缝处污染。

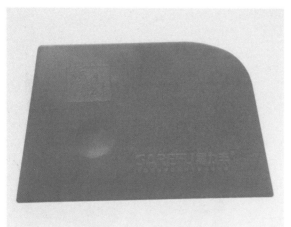

TOOL WALLPAPER 13

小号墙纸刮板

用途： 在墙纸施工过程中用来把墙纸处理平整，刮赶气泡。特别是细小位置的施工和接缝处的处理，小刮板比大刮板更加适用。使用方法同大刮板一样。

大号墙纸刮板

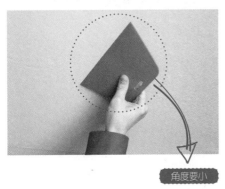

角度要小

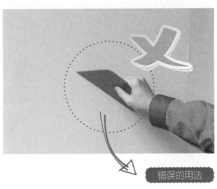

错误的用法

用途：在墙纸施工过程中用来把墙纸处理平整，刮赶气泡。

使用方法：使用刮板角度要小，不能垂直于墙面使用，这样易刮伤墙纸，刮板边上光滑，不能有毛刺，以免将墙纸表面刮破。

TOOL **WALLPAPER** **15**

激光测距仪

用途：用于墙面宽度、高度和面积的测量，使用方便，操作快捷，特别对比较高的房子来说，卷尺使用起来比较麻烦，激光测距仪优势明显，能够提高测量的工作效率。

TOOL **WALLPAPER** **16**

墙纸拼花对线仪

用途：用于打垂直线和水平线，垂直线用于第一幅墙纸和墙纸转角后保证墙纸垂直，方便墙纸施工。若墙纸粘贴不垂直，墙纸歪斜不仅影响美观，施工难度也会加大。水平线在对腰线施工和无接缝施工时必须使用，保证墙纸横平竖直，提高施工效率。

墙纸上胶桌

又称墙纸施工操作台，主要用于墙纸的裁切和墙纸背面上胶，有效避免墙纸胶水污染地板。使用上胶桌进行施工，方便施工师傅操作，提高效率。

上胶桌是折叠式的，方便施工人员携带，下面是安装步骤：

1 将桌子打开。

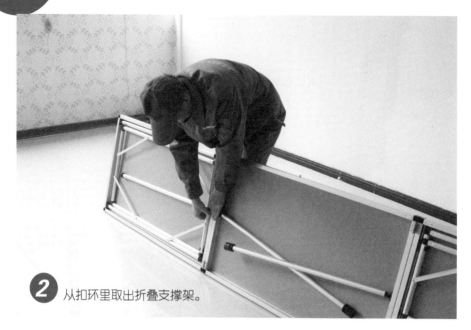

2 从扣环里取出折叠支撑架。

3 将支撑架打开，并扣紧。

4 另一面同样操作。

5

将中间两根支撑棍
交错对接。

TOOL
WALLPAPER
18

除旧墙纸滚

用途：更换旧墙纸时使用，主要是适用于老化的胶面墙纸、纯纸墙纸等表面不透水的材质墙纸。

使用方法：用除旧墙纸滚在旧墙纸上滚，把墙纸表面刺破，使水能够透过墙纸表面到达墙纸下面的胶水层，使墙纸胶水再次溶解，从而使旧墙纸容易被撕下来。

TOOL
WALLPAPER
19

墙纸施工
专用工具箱

用途：用于存放小件墙纸施工专用工具，便于携带。

墙纸专用
高温软化器

用途： 又称热风枪，适用于厚而硬的墙纸壁布阳角及接缝处的处理，墙纸翘边的处理。

使用方法： 使用墙纸高温软化器软化阴阳角或者翘边处，软化后阴阳角包角比较方便，包好阴阳角后继续软化，然后使用湿毛巾冷敷，墙纸从高温状态快速变冷，墙纸定型，阴阳角处不再出现空鼓现象，翘边也是一样，这可以彻底改变墙纸翘边的弹性形变，使其不再翘起。

用途： 用于墙纸水分测量。

使用方法：
第二章第1小节墙体检测有详细说明。

多功能水分测量仪

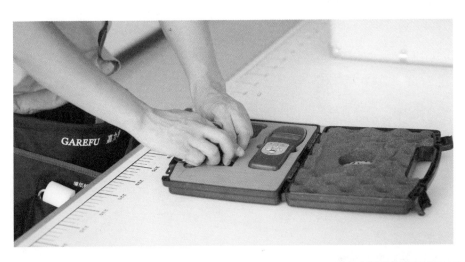

TOOL
WALLPAPER
22

多功能
电动搅拌器

用途：用于调胶，使用电动搅拌器
调胶快捷方便，由于电动搅拌器转速高，
调出的墙纸胶液效果也更好，更容易使
用。

TOOL
WALLPAPER
23

上胶滚筒

用途：用于墙纸上胶，上胶滚筒最好
选用短毛滚筒。

墙纸上胶机

用途：用于在墙纸背面上胶，多用于工程墙纸施工。

上胶机有半自动和全自动。半自动的有手拉式和手摇式两种，手拉式上胶机没有刻度，一般配合上胶桌使用；手摇式上胶机有刻度，能掌握裁纸的长度。

半自动手拉式上胶机

半自动手摇式上胶机

全自动上胶机

上胶桌是折叠式的，方便施工人员携带，以手拉式上胶机为例说明使用方法。

1 将机器安装调试好，并装上墙纸。

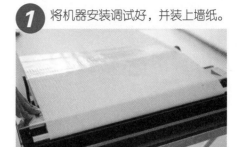

将调好的胶水倒入胶槽内，转动涂胶滚，使其表面蘸满胶水。**2**

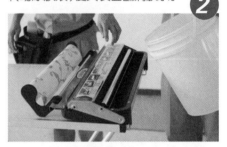

3 将墙纸粘贴在涂胶滚上，向后拉出，再反向拉出墙纸，即可完成涂胶。

根据墙纸的长度，裁断墙纸。**4**

CHAPTER 5

这样施工
有保障

CHAPTER 5

　　很多师傅一到客户家就开始埋头苦干，争分夺秒贴墙纸（时间就是金钱，多贴一卷多赚一卷的钱），等到贴完一个房间抬头一看，发现墙纸贴错了、墙纸不够、显缝等等一系列的问题，然后再来修补。殊不知"磨刀不误砍柴工"，将贴墙纸工作提前规划好，要准备的提前准备好，要检查的检查到位。贴墙纸前要检查什么，要准备什么呢？按我们的标准化施工作业流程进行施工，可以减少施工中一些不必要的失误。

墙纸施工标准化作业流程

01

检测墙体是否已经刷基膜,是否达到墙纸施工标准。

墙体检测是施工中非常重要的一个环节,很多施工问题都是因为对墙体不够重视导致的,而且绝大多数墙体问题都没法进行修复,带给顾客、门店和师傅很大的经济损失。具体检测方法前文已经详细介绍,这里不做赘述。

02

根据墙纸订单检查各个待贴墙纸墙面与所发墙纸型号是否对应。

一个业主家里如果全部贴墙纸,一般至少有2种以上墙纸,有业主家甚至有10余种墙纸,那么在开始粘贴之前我们要对每个房间,每一面墙要贴什么型号的墙纸做一个确认,避免张冠李戴,将墙面墙纸贴错。

03

检查同一个房间的墙纸是否是同一批次,流水号是否相差很远。

不同批次的墙纸会有色差,不能粘贴在同一个空间内,更不能粘贴在同一面墙上,同一批次的墙纸,如果流水号相差太远,也会有轻微色差,贴墙纸时要按流水号的大小,顺序粘贴。

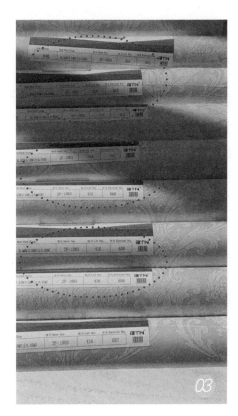

计算墙纸数量是否足够。

粘贴前一定要再次检查每个房间墙纸数量是否足够，数量不够的墙纸不要急于施工，和门店取得联系，确认有同一批次的墙纸之后再施工；如果墙纸店没货，则要让门店及时联系厂家，得到肯定的答复方可施工；如果厂家这一批次的墙纸已经卖完了，则墙纸全部更换一个批次。

根据墙纸材质检查胶水是否适合。

不同材质墙纸对胶水有不同的要求，什么样的墙纸用什么样的墙纸胶，这关系到我们最终的施工效果，所以贴之前要检查胶水是否适合要贴的墙纸。不同墙纸应该选用什么样的墙纸胶，我们在后面的章节每一种材质墙纸的施工方法中会有讲解。

对施工空间的地板、门框、天花板进行保护处理。

07

调胶。根据墙体、墙纸、气候、温度、湿度确定胶水的稀稠度。

胶水调配的好与坏直接影响到我们的施工，我们要根据不同的气候，不同温度，不同的湿度，不同的环境对胶水进行最佳调配，不能春、夏、秋、冬一年四季都是一成不变。

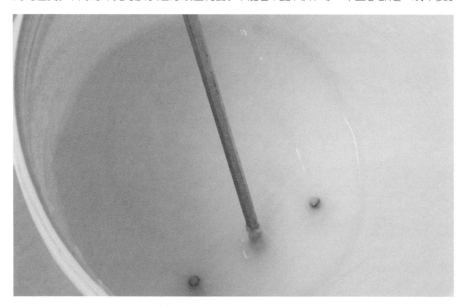

08

裁纸，先裁剪 2 卷墙纸。

刷胶。根据不同的墙纸选择不同的上胶方式，刷完胶及时清理工作台。

确定第1幅纸的施工位置，然后根据不同的墙纸选择合适的工具和方法进行粘贴。

对贴好的2卷墙纸进行检查。

检查无问题，开始大面积施工，如果发现墙纸有问题立即停止施工，初步判断是自己施工问题还是墙纸质量问题，如果是墙纸质量问题要及时向门店说明问题。如果是因为施工不当引起的问题，如接缝明显等，立即改变施工方法。

有人会问为什么是贴完2卷墙纸要检查呢？这是因为施工过程中如果发现问题是因为产品质量问题，也就是厂家问题，厂家会进行赔偿，但是厂家赔偿只局限于3卷以内。如果是施工问题，我们也将损失降到最低，避免更大的损失。

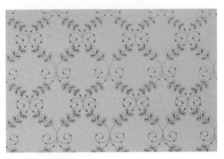

大面积施工，施工过程中注意清洁。

当我们贴完2卷墙纸，检查之后没有发现问题，就可按照这种方法开始大面积全面施工。

在施工过程中，要养成边施工边及时清洁的习惯，要将带有胶水的墙纸余料及时扔进垃圾箱内；墙体顶部和踢脚线、门框、开关等处沾的胶水要及时擦除，墙纸接缝处的胶水也要立即擦拭，干了很难擦掉；上浆桌台面的胶水也要及时擦掉，以防后续上胶，污染墙纸表面。

施工完毕进行全面检查。

检查有无漏贴，有无气泡，有无空鼓，阴阳角处理是否完美，开关盒等处接缝是否严密，接缝处是否显缝，整体效果如何。

的验收方法。最后一个章节会有非常详细的验收标准，验收时我们将标准打印，一项一项对墙纸施工工程进行验收。

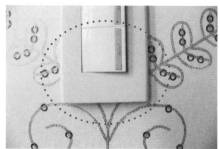

16

填写顾客满意度表。

专业的墙纸施工队和规范的墙纸门店，施工完毕会让客户对服务进行评价，并将结果带回公司。

14

收拾施工过程中产生的垃圾。

墙纸施工前，业主会对房间进行一次清扫，墙纸进场时，业主家里是很干净的，没有太多垃圾，施工完毕之后，我们要将墙纸施工所产生的垃圾进行整理打包，将垃圾带离业主家，或将垃圾整理好统一放在一处。墙纸标签要保存好，不要随手扔掉，以便业主验收时核对墙纸数量。剩余的物料摆放在一处，验收时向业主做好说明。

17

递交保修卡。

让客户保管好保修卡，并对保修周期和保修内容做详细的说明。

18

 收款。

15

请业主验收，边验收边讲解施工后注意事项及墙纸保养方法。

大多数客户不知道如何验收墙纸，很多客户会趴到墙上去检查接缝，这种验收是不正确的，我们要教会客户正确

5.2 裁纸有方法

理清楚了施工流程，我们就可以开始贴墙纸，一卷墙纸的长度一般是10m，在贴之前要将整卷的墙纸裁成一幅一幅的墙纸，方便墙纸上墙。

很多刚开始贴墙纸的师傅拿到墙纸后不知道怎么去裁剪，不知道每一幅纸该裁多长，裁出来的纸上墙后常常出现一头过长，另一头不够的现象，导致墙面没有贴满，露白一块。

的墙纸，拼花的有错位拼花、水平拼花和不规则拼花三种。拼花和不拼花的墙纸的裁纸方法是不一样的。

上部露白

下部露白

素色墙纸，无须拼花

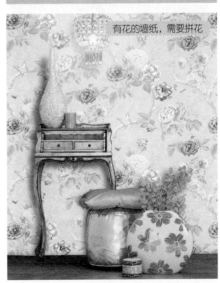

有花的墙纸，需要拼花

那么墙纸应该怎样裁剪才能合适又省纸呢？裁纸分两种类型的墙纸：一种是无须拼花的墙纸；另一种是需要拼花

拿到一卷墙纸，打开之前我们首先检查墙纸的型号和批号，尤其是批号。

检查墙纸型号和批号，然后再判断墙纸是要拼花的还是无须拼花的。

无须拼花墙纸的裁纸方法很简单，裁切墙纸时上、下各预留5cm，以便修边用，所以裁出的墙纸比实际墙面层高要长10cm。以2.6m层高为例，每幅墙纸只需裁2.7m就够了。

需要拼花的墙纸裁纸和无须拼花的墙纸裁纸是不一样的，如果按上述方法去裁剪就会造成前文所说的一端过长，一端不够的情况。拼花的墙纸裁纸时要考虑到花距和拼花方式。平行拼花的墙纸，墙纸左右两侧同一水平位置能拼上花；错位拼花，墙纸左右两侧同一水平位置拼不上花，必须错开才能对上花。

确定完拼花方式后可以开始裁纸。

下面我们以2m层高的房子为例，告诉大家如何裁纸才会更省纸。

首先确认拼花方式和花距。

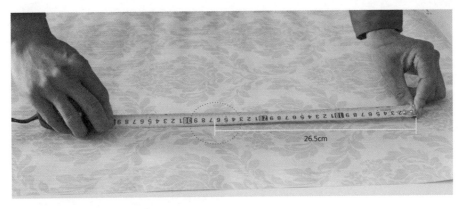

花距为 26.5cm。

墙高 2m，第一幅纸只需裁 2.1m 就可以了，上下各预留 5cm。

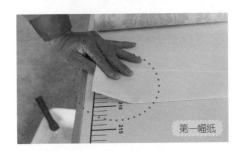

第一幅纸

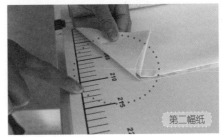

第二幅纸

第一幅纸的长度 2.1m

那么第二幅纸该裁多少呢？因为考虑到拼花，墙面高 2m，1 朵花的高度为 26.5cm，需要 8 朵这样花的长度才能把墙面铺满，26.5cm×8=2.12m，所以第二幅纸裁 2.12m 是最省纸的裁纸方式，后面所有的纸都按第二幅纸长度切就可以了。

第二幅纸的长度 2.12m（后续的纸都按这个长度裁）

哦，原来平行拼花的墙纸只要算好墙面的高度需要几朵完整的花贴满墙面即可，那错位拼花的墙纸是不是也是这样裁纸呢？我们来看下。

同样首先确定花距。

花距为 64cm 的错位拼花

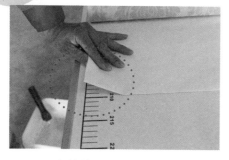

2m 高的墙，第一幅纸同样只需裁 2.1m 就可以了。

第二幅纸如果是平行拼花，应该裁多少呢？墙面高 2m，1 朵花的高度为 64cm，需要 4 朵这样花的长度才能把墙面铺满，64cm×4=2.56m，如果是平行拼花第二幅纸必须裁 2.56m 才能完整拼上花。错位拼花的墙纸是不是也应该裁 2.56m 呢？其实错位拼花的墙纸无须裁这么长，只需要裁 2.24m 就能拼上花了。因为错位拼花的墙纸拼花时只要上下移动半朵花的距离就可以了，比平行拼花的墙纸省半朵花的长度，64cm 花距的一半是 32cm，2.56m—0.32m=2.24m，所以，第二幅只要裁 2.24m 就可以了，同样后面所有的纸都按第二幅纸长度裁切。

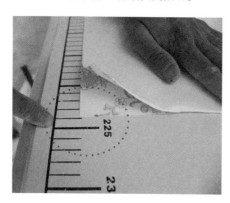

第二幅纸的长度是 2.24m。

裁完墙纸，在上胶桌上对两幅纸进行试拼花，看能否完整拼上花，第二幅纸的长度要比第一幅纸长。

花距小知识：

什么是花距？花距就是重复图案之间的距离。花距的大小根据设计师的设计及幅宽限制，大小从五厘米到几十厘米不等。

花距可分为以下几种：

<1> 零花距，此类墙纸施工时无须拼花，即我们通常所说的素色纸。

<2> 平行拼花，又称水平拼花，此类墙纸施工时要拼花，墙纸的左右两侧同一个位置能拼上花属平行拼花。

<3> 错位拼花，墙纸的左右两侧同一个位置拼不上花，必须上下移动半个花距的位置才能拼上花，计算用量时错位拼花是取花距的一半。

零花距　　平行拼花　　错位拼花

花距在墙纸版本和墙纸标签中都有说明，下图中表示该款墙纸是错位拼花，花距为64cm。

确定好长度就可以裁纸了，裁纸时要注意保护好工作台，如果是在地面或地板上裁纸要注意保护好地板。

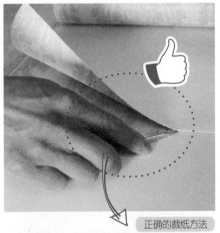

正确的裁纸方法

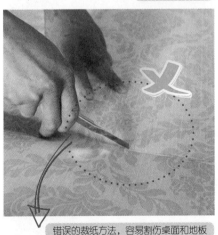

错误的裁纸方法，容易割伤桌面和地板

木地板割痕

墙纸裁完后，将裁好的墙纸全部翻转过来，用铅笔在墙纸的背面标明序号，方便顺序铺贴。标序号的字迹应清楚，不能模糊，统一在墙纸的上端标号；用铅笔标序号，切勿使用记号笔等颜色较深的笔标序号，以防透底。所有墙纸裁完后，应按序号叠放好。

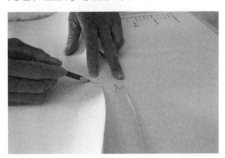

将墙纸标上序号

裁纸时应注意，不能一次性把所有的墙纸全部裁好，先裁2卷上墙试贴，检查所贴墙纸没有任何问题再大面积施工。裁切后的余料不可随意丢弃，应摆整齐放在一旁，门上，窗上，窗下所需墙纸较少，可用余料粘贴。

怎样上胶，
我有妙招！

5.3

细节往往决定一件事情的成败，我们可不能小看上胶这一步骤。施工中常见的墙纸翘边、脱落、起泡、发霉等问题或多或少都和上胶有关系。在施工中任何一个工序都不是小事，我们应该重视每一个过程。

上胶方式有两种：一种是纸上上胶，一种是墙上上胶。通常情况下上胶要遵循一个原则：纸底的墙纸采用纸上上胶方式刷胶，无纺和布底的墙纸采用墙上上胶的方式刷胶。一些特殊的纸底墙纸，比如金属墙纸，植绒墙纸等表面不能沾到胶水的墙纸，可以采用墙上上胶、纸背擦水的方式上胶。

纸上上胶

纸上上胶注意事项：

 上胶之前将墙纸反卷，便于上胶。

墙纸裁好后容易卷曲

反卷

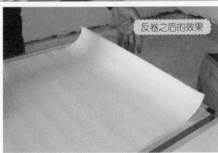

反卷之后的效果

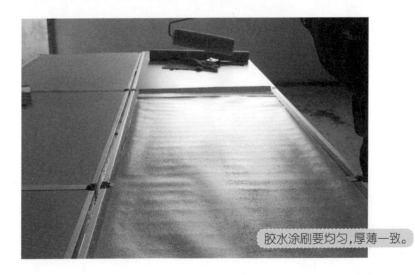

胶水涂刷要均匀，厚薄一致。

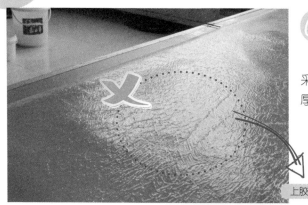

刷胶不宜太厚，
采用浓胶薄涂，刷胶过
厚容易导致墙纸发霉。

上胶过厚

浓胶薄涂

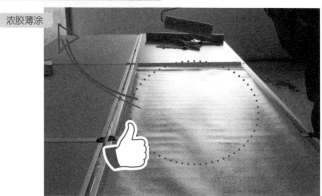

墙纸两边要涂刷
到位，否则容易出现翘
边现象。

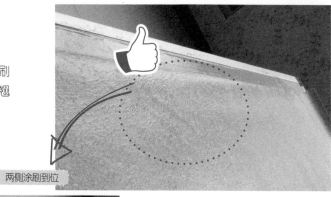

两侧涂刷到位

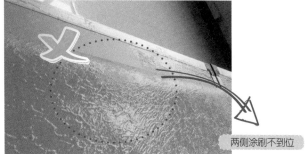

两侧涂刷不到位

05

刷好胶将墙纸折叠闷胶，折叠时要注意两边对齐。

闷胶对折整齐

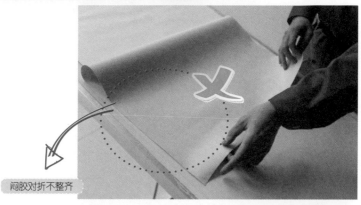

闷胶对折不整齐

06

刷完胶要及时将上胶桌（工作台面）清理干净，以防后面墙纸上胶时污染墙纸表面。

擦洗桌面

桌面干净如初

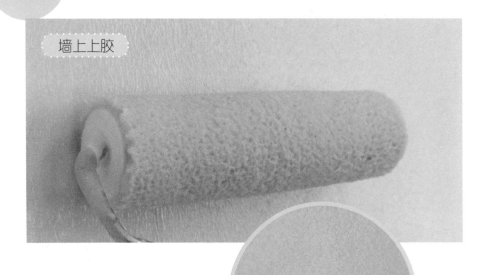

墙上上胶

墙上上胶注意事项：

01

胶水涂刷要均匀，厚薄一致。

02

阴角、地脚线、天花板顶部、开关四周、门框边等处滚轮不易刷到胶水的地方要用小毛刷刷胶。

阴角处用小毛刷上胶

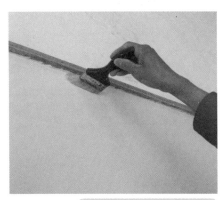

天花板等顶部位置用小毛刷上胶

开关盒四周及各种造型四周用小毛刷上胶

03

刷胶位置要比墙纸幅宽略宽些，方便下幅墙纸刷胶。

纸背擦水

纸背擦水注意事项：

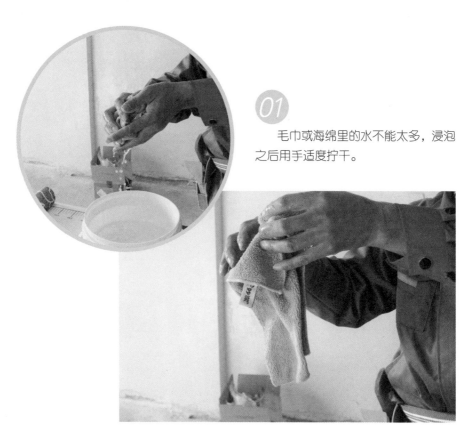

01

毛巾或海绵里的水不能太多，浸泡之后用手适度拧干。

02

　　擦水时先擦中间，再擦两边，防止
两侧水过多，溢到墙纸表面。

03

　　擦水要到位，均匀。

　　刷胶是墙纸施工中非常重要
的一个环节，胶水涂刷不好，容
易引起很多施工问题。

　　<1> 墙纸两侧胶水涂刷不到
位容易引起墙纸翘边。

　　<2> 墙纸部分区域没有涂刷
胶水容易引起空鼓。

　　<3> 胶水过多容易溢胶。

　　<4> 胶水过多过厚不容易干
导致墙纸发霉。

翘边

不同材质墙纸
的施工方法

5.4

我们来回顾一下胶面墙纸的制作工艺和特点：

胶面墙纸是通过在原纸上涂敷 PVC 糊料，经过高温形成 PVC 层，然后通过印刷和压花形成纹理精致的墙纸。

特点：防水、防潮、耐用、印花精致、压纹质感佳。尤其是深压纹胶面加厚墙纸，韧性拉长，牢度更高，防宠物抓坏、抓破，防静电；隔离墙面，细菌无法藏匿，故更有防菌作用。

5.4.1 普通胶面墙纸施工的方法

根据胶面墙纸的特点采用如下施工方法：

<1> 对施工现场墙纸的张贴位置及墙纸型号、批号、箱号等——进行确认。

<2> 如果墙纸数量计算不够则不能立即施工。

<3> 测量墙体的高度。根据拼花和不拼花墙纸的裁剪方法进行裁纸。

<4> 纸底胶面墙纸采用纸上上胶方式。

<5> 将上胶均匀的墙纸对折放置 5—8min，以确保墙纸基底能充分吸胶。

<6> 处理墙面，确保墙面无细小颗粒或突起物。

<7> 在粘贴第一幅墙纸前用红外线水平仪，具体的位置以阴角为基标，所贴墙纸在幅宽减 0.5cm 处打垂直线，这样能确保所粘贴的墙纸能够完全垂直。53cm 墙纸应在离阴角 52.5cm 处打垂直线。

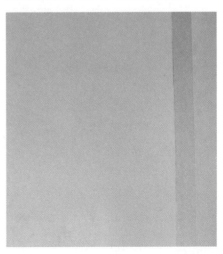

<8> 将墙纸按垂线方向粘贴，用刮板刮平，用裁刀裁除多余的部分，施工过程中如有胶水溢出，用海绵擦除。为确保墙纸表面不留污渍，在施工过程中应勤换水。

沿垂直线张贴，确保垂直

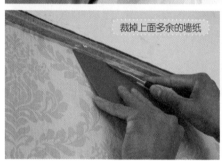

裁掉上面多余的墙纸

裁掉下部多余的墙纸

<9> 及时清理污染到天花板墙体，踢脚线和边框上的胶水，防止乳胶漆墙面被胶水拉卷曲。

<10> 第二幅纸上墙要对好花，用手往里轻轻推动墙纸，拼好缝，然后用刮板和压轮紧缝。

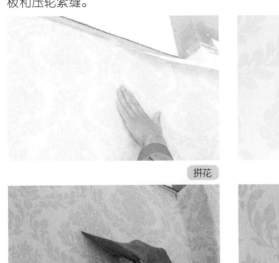

拼花 紧缝

用刮板刮平，紧缝 用平压轮将接缝处压严实

<11> 在墙纸粘贴过程中，请实时检查墙纸品质是否异常，如发现问题请立即停止施工。

<12> 开关处处理采用划"十"字的方法，划"十"字时要使墙纸与开关保持一定距离，避免划伤开关面板，再用刮板抵住裁除多余的部位。为了安全，施工时断开电源。

划"十"字（开关处的施工方法本章第5节会有详细讲解）

<13> 阴角处要用刮板压实，不能有空鼓，不能用刮板来回蹭，防止墙纸表面磨亮和刮破，阴角以外预留10cm以上，以方便下幅墙纸拼花对缝。

<14> 阳角部位用手或海绵、毛巾压平，包住墙角，以保证墙纸张贴后成直角，禁止在阳角处拼接，在距离阳角约10cm以外拼接。门窗处同样用刮板刮平并裁除多余的部分。

<15> 墙纸张贴完必须关闭门窗，停止使用空调等通风设备3—5天，让其自然干燥，以免产生翘边。

5.4.2 无纺布墙纸的施工方法

　　无纺布墙纸目前是全球最流行、最新型且不含玻璃纤维的绿色环保墙纸。

　　特点：主要成分为植物纤维，对人体和环境无害，容易回收和分解，符合全球安全性能要求最严格的标准。面度柔软、丝质纹理明显；透气性强、不发霉、防螨虫、防静电；稳定性好、耐撞击、不收缩、不伸展、不变形。

根据无纺布墙纸的特点采用如下施工方法：

　　<1> 无纺布墙纸施工采用墙面上胶方式，上胶均匀，不宜过厚，胶要一次刷到位，刷胶的宽度要比墙纸略宽些。

<2> 阴角、踢脚线、天花板、门套边等处不容易滚涂的地方要用小毛刷涂刷胶液，要确保胶液涂刷到位，刷匀。

<3> 胶要调得浓些，浓胶薄涂，胶过稀容易渗透到墙纸表面，污染墙纸表面。

<4> 天花板顶部边缘被乳胶漆污染的墙体，贴浅色墙纸会透底，要用同一批腻子补刮一遍或重新刮一遍腻子粉。

<5> 用红外线打垂直线，第一幅纸上墙。

<6> 贴无纺布墙纸尽量不要溢胶，大多无纺布墙纸一旦溢胶就擦不掉了。如何才能避免溢胶呢？浓胶薄涂可以有效避免溢胶，在第二张粘贴时，将第二张墙纸搭在第一张边上，然后轻轻往外拉，切忌像粘贴胶面墙纸一样往里挤，这样就能有效避免溢胶。如不小心溢出到墙纸表面，用纯棉毛巾或海绵吸除即可。

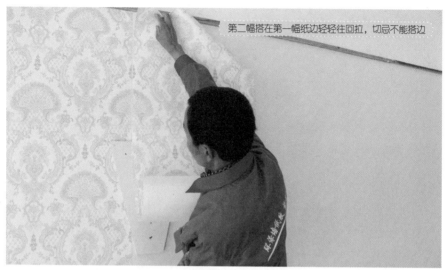

第二幅搭在第一幅纸边轻轻往回拉，切忌不能搭边

拼缝

拼花

<7> 长纤无纺布墙纸切记一定不能擦水，不能溢胶，见水有水印，见胶有胶印。墙面刷完胶后不要急着贴，用手背试墙上的胶，手背不粘胶时就可以贴了，这样能确保不溢胶。

<8> 无纺布墙纸施工使用工具：刮板、毛刷、海绵、纯棉毛巾。

5.4.3 纯纸墙纸的施工方法

纯纸墙纸是以纸为基材，经印花而成的墙纸。纯纸墙纸使用的原纸以木浆为原材料加工而成，所以纯纸墙纸环保性高，透气性强，纯纸墙纸还有花色自然、图案鲜明、不易翘边、防静电、不吸尘等特点。

根据纯纸墙纸的特点采用如下施工方法：

<1> 纯纸墙纸对墙面要求较高，墙体硬度要足够大，不然墙纸翘边之后容易将腻子或乳胶漆带起来，乳胶漆墙面贴纯纸墙纸更要注意墙面硬度，建议刷两遍基膜，一遍渗透基膜，一遍墙基宝。

<2> 待贴墙面要非常平整，不能有一点点细小颗粒，开贴之前一定要用墙纸裁刀将墙面处理好，用砂纸打磨。

<3> 纯纸墙纸的柔韧性较差，表面易损坏，贴纯纸墙纸前要修理指甲，防止刮伤纯纸墙纸表面。

<4> 纯纸墙纸施工一般采用纸上上胶方式，贴纯纸墙纸最好选用纯纸墙纸专用胶，如果没有可以用糯米胶或植物纤维胶，因纯纸墙纸收缩性较大，涂刷胶水时不能太厚，每次刷胶的幅数不能超过 5 幅。

裁完后将反卷，便于上胶

纸上上胶

<5> 纯纸墙纸的闷胶不能像胶面墙纸一样，对折次数不能过多，对折后墙纸有折痕，而且不易清除，纯纸墙纸的闷胶尽量减少对折墙纸的次数，一般对折一次或两次，卷曲起来，闷胶对折时纸要对齐。

对折

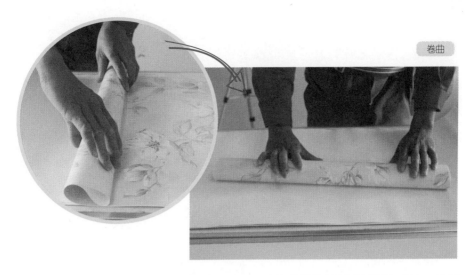

<6> 夏天上胶卷数过多，闷胶时间过长，极容易导致纯纸墙纸两边粘住，从而造成墙纸撕不开，可以将两端快速放到水中浸湿，胶水很快会化开。

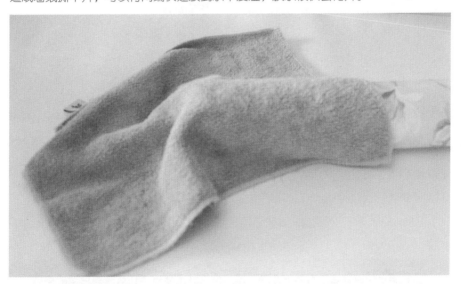

温馨小提示： 如果上胶卷数过多，来不及张贴，可以用湿毛巾将上好胶的墙纸两端盖住，防止水分快速挥发。

<7> 纯纸墙纸因其收缩性大，闷胶时一定要掌握好闷胶时间，一般纯纸墙纸闷胶时间在 8—10min 左右，闷胶时间因不同季节、不同气候会有所不同。闷胶时间比一般的墙纸要长些，目的是让墙纸充分吸胶，充分膨胀收缩，墙纸上墙后收缩会变小。

<8> 纯纸墙纸施工关键在于接缝的处理，上墙之后一定要拼好缝，用手将墙纸接缝处推紧，要求严丝合缝，然后用刮板紧缝，最后用压轮压严实。

用手推紧

用刮板紧缝

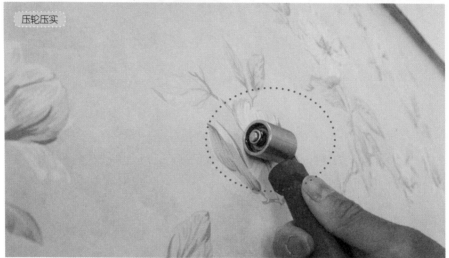

压轮压实

<9> 工具一般采用毛刷、压轮、刮板，因刮板在墙纸施工过程中容易产生划痕，在贴纯纸墙纸前一定要将刮板磨光滑，防止其伤害到墙纸表面，刮板选用软一些的，最好是使用过二至三次的刮板。

<10> 纯纸墙纸包阳角不能用毛巾，无论湿的还是干的，否则容易掉色。

<11> 纯纸墙纸贴完后 3—5 天不能开窗，半个月不能开空调，否则会出现大面积翘边。

市面上的纯纸墙纸有如下几种，施工方法如上所述，还有一些细微的差别：

<1> 普通纯纸墙纸

上胶方式：纸上上胶，闷胶 8—10min。

<2> 自带胶的纯纸墙纸

上胶方式：纸上上胶，胶液要调得非常稀；也可以是纸背擦水，用水稀释自带的胶水；闷胶 15min 左右，放在阴凉的地方，来不及贴的墙纸两端用湿毛巾包裹起来。

<3> 纸浆纸墙纸

纸上上胶，刷好胶直接上墙粘贴，不要闷胶，上墙后尽量少移动。

腰线的施工方法

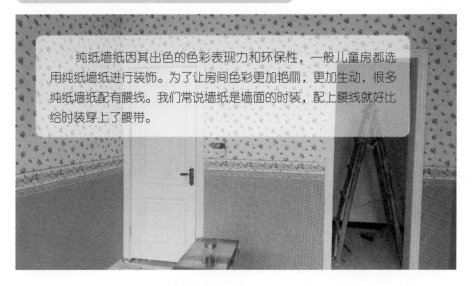

　　纯纸墙纸因其出色的色彩表现力和环保性，一般儿童房都选用纯纸墙纸进行装饰。为了让房间色彩更加艳丽，更加生动，很多纯纸墙纸配有腰线。我们常说墙纸是墙面的时装，配上腰线就好比给时装穿上了腰带。

腰线效果图

下面就为大家详细讲解腰线的施工方法：

　　<1> 确定好腰线粘贴的位置，一般腰线粘贴高度在 0.8—1.2m 之间，有些腰线粘贴在房间的顶部（韩国墙纸），具体粘贴位置要和房间主人确定好后再施工。

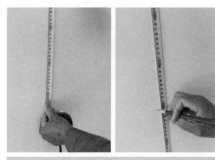

<2> 一般带有腰线的墙纸，腰线的上、下部为不同颜色、不同款式的墙纸。先粘贴腰线以上部位的墙纸。

<3> 粘贴腰线以下部位的墙纸。一般情况下将整面墙上部和下部墙纸粘贴完毕再贴腰线，也有先贴腰线，再贴上、下部墙纸。

<4> 用水平仪打一条水平线，沿着水平线粘贴腰线。

<5> 用铝合金墙纸尺沿着腰线上、下边沿裁切（俗称搭边裁），将墙纸裁断，搭边裁时尺子要固定好，刀的角度要小，用刀刃处裁切。握刀手可以用兰花指，起到固定、支撑的作用。需要裁断直边腰线，花边腰线墙纸贴完即可，不需要裁断。

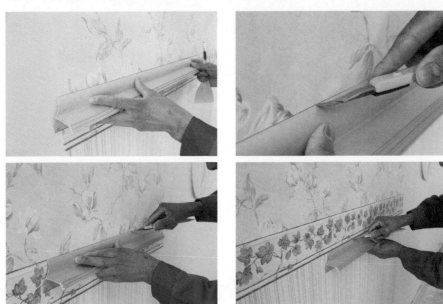

<6> 将腰线轻轻挑起，取出覆盖在腰线下面的已经裁断的多余墙纸，并用刮板刮平。

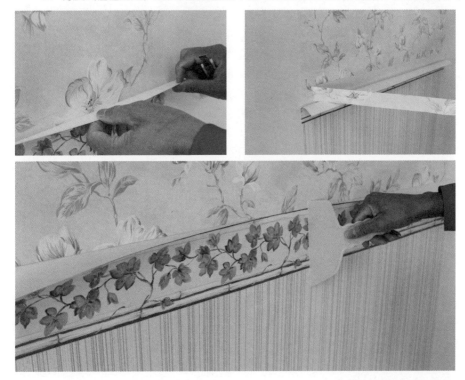

<7> 取出腰线下部覆盖的已经裁断的多余墙纸，用刮板刮平。

<8> 用压轮将腰线上下边沿接缝处压实。

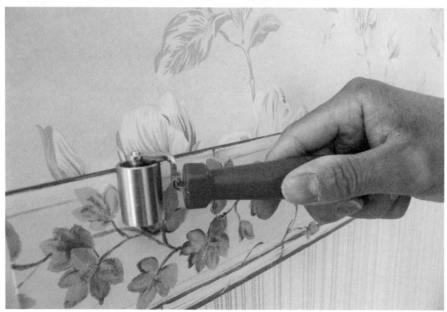

施工完毕效果图

5.4.4 刺绣墙纸的施工方法

刺绣墙纸，采用高档无纺布为基材，结合中国以针引线的传统刺绣工艺，配合强调雕塑感的手工刺绣图案与造型，将不同颜色的色线巧绣成各款图案，以绣线代压花，以色线代印刷的墙纸，生动地勾画出各种物体，形成了丰满浮凸有起伏而多变化，有条理而不紊乱，色彩富丽，组织细密，丰富多彩的总体风格，别具一格，具有很高的艺术价值，是墙纸墙布中的精品。

施工方法：

<1> 上胶方法：墙面上胶。不能在纸背上胶，防止胶液渗透到色线中造成墙纸变色。

<2> 在贴刺绣墙纸时，刀片要锋利，裁边要做到一刀割断，防止线头产生毛边现象。

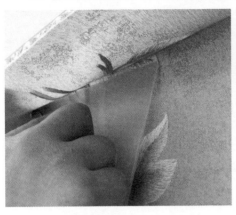

<3> 裁边时，刮板不能用力地在墙纸上来回蹭，刮板移动时前端可稍稍提起，离开墙面，防止刮板钩出色线。

<4> 处理大面时用软毛刷由中间向两边轻轻刮平墙纸，刮出气泡和多余胶液，使墙纸平整紧贴墙面，严禁大力刮擦，特别是纸边位置。

<5> 处理拼缝时，尽量一次性拼接好，严禁用刮板大力刮擦墙纸拼缝处。如不小心有胶液溢出，用海绵或毛巾及时吸除。

<6> 在处理开关造型时，需要划"十"字，用刀轻轻将造型片墙纸中间刺破，然后用剪刀往四个顶点剪出"十"字形。

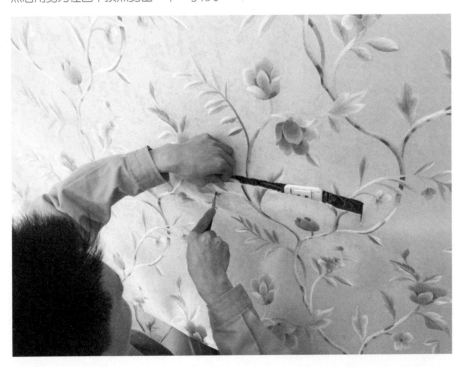

5.4.5 金箔墙纸的施工方法

　　金箔墙纸，又称为金属墙纸，是用金箔、银箔、铝箔制成的特殊墙纸，以金色、银色为主要色系。其特点是：防火、防水、华丽、高贵、价值感强。现在市面上金箔墙纸分为普通金箔墙纸和手工金箔墙纸两种，普通金箔墙纸较常见，规格和普通墙纸一样，一般有 53cm×10m 和 70cm×10m 两种规格，手工金箔墙纸尺寸一般为 9.33cm×9.33cm。

普通金箔墙纸的施工方法：

　　<1> 墙面要求平整，不能有任何细小颗粒，细小颗粒会形成明显的凸起，金属材质反光会更明显。

对折

　　<2> 上胶方式采用墙上上胶和纸背擦水。闷胶方式和纯纸墙纸闷胶方法一样，墙纸擦水后卷起来，尽量减少折痕。

卷曲

纸背擦水

<3> 贴金箔墙纸首选工具是毛刷，切勿使用刮板。▶

<4> 有花的墙纸对好花，无须拼花的金箔墙纸采用搭边裁施工比拼缝效果好。▼

<5> 拼好缝，用压轮将接缝处压实。

<6> 金箔墙纸表面的金箔本身会导电，在处理开关时要切断电源。

<7> 金箔墙纸施工不能使用胶浆，以防止金属与胶浆起化学反应从而导致墙纸发黑，最佳施工胶水是糯米胶。

手工金箔墙纸的施工方法

　　手工金箔墙纸有金箔、铜箔、银箔和台湾金箔等。其材质主要是金、银、铜。最好的手工金箔墙纸是由24K的黄金经过几十道工序锤打而成的，薄如蝉翼。其稳定性好，不变色，不氧化，耐腐蚀，现已广泛用于酒店、别墅、宴宾厅、会议厅、高档会所等处，美观大方，金碧辉煌，庄严气派，是富贵与身份的象征。今天，嘉力丰学院带你走近金箔墙纸！

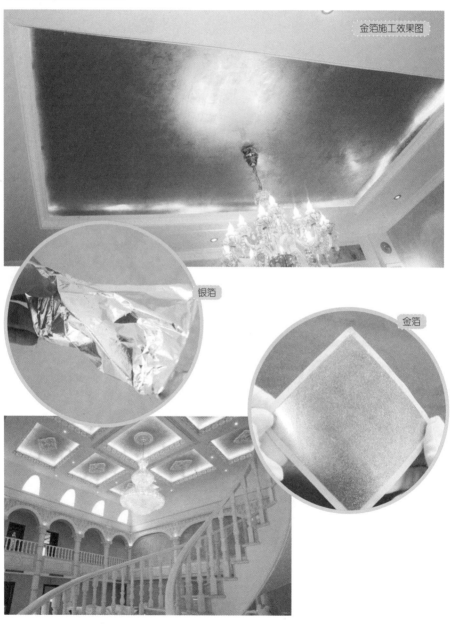

金箔施工效果图

银箔

金箔

详细施工步骤：

<1> 墙面处理。手工金箔墙纸对墙面要求比较高，要求墙面必须坚实、干净、平整、无起皮、裂缝和空洞，墙面干燥。墙体刷清漆或和金箔墙纸相同颜色的油漆，刷涂均匀，干燥 24h 后刷手工金箔墙纸专用胶水，4—5h 方可粘贴手工金箔墙纸。

<2> 施工前一定要检查墙体，施工墙体湿度大会造成金属墙纸变色。

<3> 贴保护带。在待贴墙面四周贴上保护带，起到保护周边墙面的作用，以防粘到胶水。

<4> 上胶。使用手工金箔墙纸专用胶水，将胶水均匀地刷在墙面上，待胶水不粘手后即可贴墙纸，最少过 4—5 个小时施工。

<5> 贴纸。双手需带白色手套或手不直接与金箔墙纸接触，防止手上汗渍导致金箔墙纸发黑。铺贴效果有整金和碎金，还可以在金箔墙纸的表面做香槟色和金箔画等效果，根据情况一张一张铺贴，铺贴时每张金箔墙纸之间不能有缝隙但可以重叠；整金铺贴时尽量减少重叠处，必须保证工整。

戴白手套贴

用白纸垫上

<6> 刷平。用海绵滚筒将金箔墙纸压平，再用毛刷将金箔墙纸刷平。

<7> **刷漆**。用毛刷在金箔墙纸表面刷上一层漆，目的是防止金属被氧化，起到屏蔽的效果，保护金箔墙纸。

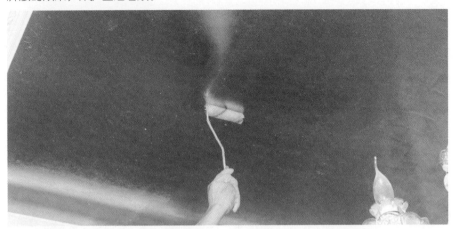

<8> **手工金箔墙纸粘贴有两种方法：一种是平贴**，平贴出来的金箔墙纸非常光亮，上图的施工手法就是平贴；**一种是皱贴**，这种手法贴出来的金箔墙纸有图案效果，不同的手法可以贴出不同的图案。

平贴效果图

平贴

皱贴

皱贴效果图

5.4.6 水晶颗粒、砂岩颗粒墙纸的施工方法

颗粒墙纸是在普通墙纸基础上，采用特殊工艺，将不同形状的颗粒自然分布在墙纸表面，突破墙纸材质局限的约束，成为自然风格的颗粒墙纸。

根据墙纸的特点采用如下施工方法：

<1> 采用纸背擦水，墙上上胶的方式。

<2> 施工时胶水不可溢出，如有溢出用纯棉毛巾或海绵吸除。

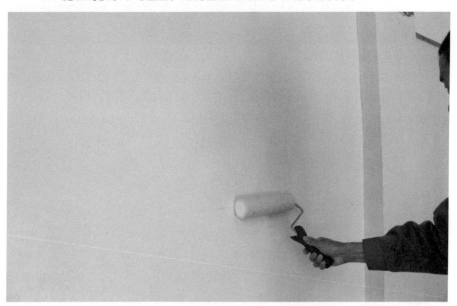

<3> 施工时切勿使用毛刷，这容易使表面的砂岩颗粒刷脱落，建议使用海绵滚筒进行施工。

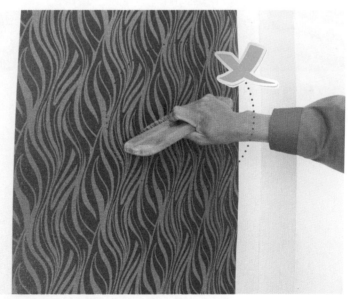

<4> 墙纸表面颗粒会有轻微的脱落，在墙纸上墙前要保证墙纸的背面没有颗粒，施工的过程中如发现拼缝处墙纸内侧有颗粒，用刀片挑出。

<5> 细小颗粒墙纸接缝处理切勿使用普通压轮，这会导致颗粒附着在压轮上，应使用软压轮处理接缝。

5.4.7 植绒墙纸的施工方法

　　植绒墙纸是通过静电植绒技术将短纤维植入墙纸基材上，产生质感极佳的绒布效果。特点是视觉舒适、触感柔和、吸音、透气、亲和性佳、典雅、高贵。

根据植绒墙纸的特点采用如下施工方法：

<1> 采用墙上上胶方法。

<2> 绒布类墙纸表面是绒毛，施工时宜使用毛刷。

<3> 施工时不能溢胶，不能擦水，确保墙纸表面整洁，一旦溢胶，接缝非常明显，胶水很难擦除。

<4> 接缝处用压轮处理。

<5> 植绒墙纸中需要拼花的产品要保证花型对齐，绒布墙纸有反顺毛现象，施工完毕后应用毛刷对绒布表面进行梳理，理顺墙纸表面的绒毛。

5.4.8 草编墙纸的施工方法

草编墙纸是以草、麻、竹、藤、纸绳等十几种天然材料为主要原料，经传统工艺手工编织印刷而成的高档墙纸。印染分为两种，编织前印染和编织后印刷。草有很多种：三角草、棕叶、梧桐麻、芦梦、麻壳麻、剑麻、生麻、熟麻、稻草、麦秆、芦苇秆等。具有透气、静音、质朴、高雅等特点，既给人稳重温软的感觉，又赋予了墙面极强的层次感。

草编墙纸是近年来比较流行的装饰材料，它具有较强的温度调节和废气淡化能力，更能体现其特有的淳朴、清新、自然的品位和天然、环保、健康的主题。

施工方法：

<1> 草编墙纸采用的是浸泡染色工艺，表面不能沾水，胶水不能太厚，渗透到墙纸的表面也会形成褐色，留下污斑。所以施工前在墙纸的背面用海绵或毛巾沾水轻微湿润，采用墙上上胶的方法施工。

<2> 用毛刷将墙纸刷平整。

<3> 此种墙纸可以对缝，但施工时叠边对裁效果最佳，因为墙纸边沿的毛边会影响粘贴效果。

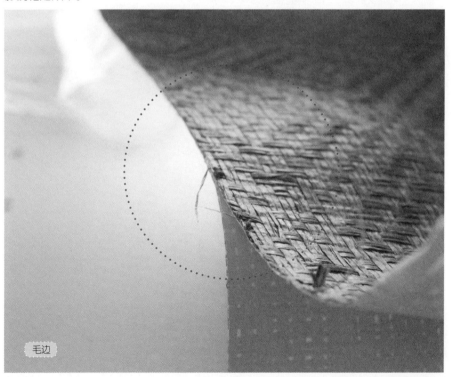

毛边

叠边对裁

<4> 用压轮将接缝处压严实。

<5> 草编类墙纸表面由天然材料手工制作，因其天然特性，即便为同一批号墙纸也可能会有色差，施工完毕显缝属正常现象。

<6> 草编墙纸属天然材质类墙纸，有些墙纸无法拼花，其接缝处不能吻合，属正常现象，施工前请施工人员和客户说明，并于施工 2—3 幅后和客户确认，客户认可后方可继续施工。

<7> 施工过程中不能溢胶和擦缝，采用浓胶薄涂避免溢胶，如果部分地方出现溢胶，要在最小范围内处理掉，切忌擦缝。

5.4.9 纸编墙纸的施工方法

　　纸编墙纸，先将作为原材料的纸分切成条，再经手工或机器编织、机器上色，最后经双层黏合技术而成。

　　特点：纸编墙纸因由纸线构成，表面凹凸富有层次感，具有很好的吸音效果。纸编墙纸全部由纸做成，无污染、无味道，是一种理想的绿色环保装饰材料。

纸编墙纸的施工与草编墙纸的施工方法基本类似，方法如下：

<1> 上胶方式为：纸背擦水，墙上上胶。

<2> 工具用毛刷。

<3> 接缝处可拼缝也可搭边裁。

<4> 用压轮将接缝处压严实。

5.4.10 木皮墙纸的施工方法

木皮墙纸，采用天然木材，经过木材刨切、雕花、手工粘贴、木皮与底基双层黏合等多道工序而成。

特点：手感质朴自然，外观华丽，高贵典雅。纯天然材质对人体没有任何化学危害，透气性能良好，是"会呼吸的墙纸"，是健康家居的首选。木皮材质的墙纸柔和自然，易与家具搭配，手工工艺体现出极强的质感和纹理感，装饰效果独具个性。

根据木皮墙纸的特点采用如下施工方法：

<1> 木皮墙纸一般较重，施工时采用墙面上胶方式，纸背擦水。

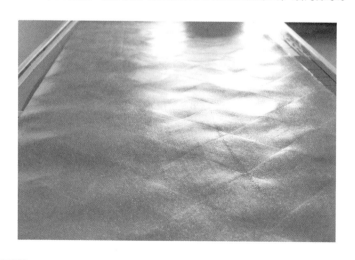

<2> 木皮墙纸包阳角的墙纸表面木皮易掰断，容易出现圆弧，施工时可以在纸背用墙纸刀轻轻割一刀，不能割破墙纸表面，这样包出来的阳角不会有弧度，非常直。

直接包容易出现弧形

用墙纸刀在纸背轻轻割一刀

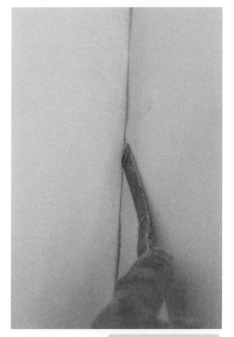

力道控制不好可以用刀背

这样包起来的阳角非常直

<3> 木皮墙纸一般边上有白边，施工时采用搭边裁方式进行裁切，搭边裁有两种方法，效果不一样。

第一种方法：直接搭边裁

宽幅纸有白边

沿着中心点裁一条直线

撕掉上下多余的墙纸

拼好缝

用压轮压严实　　　　　　　　　　　第一种方法拼缝效果图

　　用这种方法搭边裁拼缝较明显，因为木皮墙纸表面是一层木皮，每一片木皮的纹理和颜色都不一样，所以这样拼接接缝处较明显。

第二种方法：沿着每一小片木皮的边沿裁切

沿着边沿裁切

撕掉表层多余墙纸

撕掉内层多余的墙纸

裁切完后接缝处是锯齿形

处理拼缝

用压轮沿着接缝处将墙纸压严实

效果图 几乎看不到接缝

这种方法裁切出来的墙纸接缝处理非常完美，几乎看不到接缝，但是比较耗时。

No.1
第一种方法

VS

No.2
第二种方法

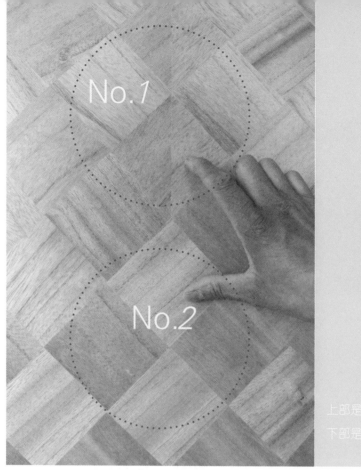

No.1

No.2

<4> 阴角要压严实，不能有空鼓。

<5> 施工工具用刮板或毛刷。

5.4.11 风景壁画的施工方法

风景壁画有一幅一幅拼接的，也有一个背景一整幅壁画，材质有纸，有无纺，也有墙布。

施工方法如下：

<1> 排序。每张壁画由几幅组成，每幅都按顺序进行编排，在地面上将壁画拼完整，按编好的顺序进行施工。

一般情况下出厂前会将边上白纸裁掉

没有裁切的上墙前将白边裁掉

<2> 粘贴前，需确认壁画粘贴的方向和编号的方向。

<3> 上胶方法：墙面上胶，胶水要均匀，施工时用刮板。

<4> 有些壁画上墙直接拼缝即可，有些壁画的两边各有 1—2cm 的重复部分，在重复部分对齐花纹，将重叠部分裁切掉。

<5> 搭边裁时用直尺压住重叠处进行裁切，裁刀要锋利，裁切时用力均匀。走刀成直线，裁切完毕将底层拉出，如果此时黏性不好，可以用毛刷在接口处的墙面补胶，使用刮板对接缝处进行处理，做到对接无缝。应避免指甲等硬物划伤墙纸表面。

<6> 壁画粘贴一星期内切勿开窗直接通风，避免产品因急剧干燥造成墙纸接缝处开裂。

<7> 产品粘贴完后，无气泡、起胶及整体感观在 2—3m 外无明显接缝即符合标准要求。

<8> 对于整幅壁画的粘贴要注意壁画的完整性，特别是壁画的落款，印章不能裁切掉或裁切掉部分。

5.4.12 墙布的施工方法

我们通常所说的墙布是指十字布底胶面墙布，又称美国壁布，是通过在十字布上进行 PVC 树脂涂敷，经过高温形成 PVC 层，然后经过印刷和压花形成纹理精致的壁布。一般宽幅为 137cm 和 138cm，零裁整米销售。

特点：具有阻燃性质和布的坚韧性，故耐用、耐磨、耐刮。适合人流量大的公共商业空间。

<1> 此种墙纸属厚重墙纸，胶水可使用糯米胶，最好使用墙布专用胶，胶水要浓。

<2> 把搅拌好的胶水涂刷在墙面上，从中间部位到各角落要涂刷均匀，刷胶可以比普通墙纸略厚些。

<3> 所有拼花产品都是重叠搭边裁缝施工，拼花时需从墙体中部开始拼花，以达到最好的拼花效果。

<4> 为获得良好的接缝效果，必须用压轮压牢边缝，否则墙布干后易显缝。

<5> 裁边时墙纸刀要保持锋利，刀片与墙面保持 25° 角，用力均匀，否则容易出现毛边。

<6> 在墙上刷胶，避免胶水沾染墙布表面。若不慎溢出则及时用毛巾或海绵吸干净，粘贴时要保证墙布表面的清洁，施工人员手也要保持清洁。

<7> 施工时及施工后 2 天内请关闭门窗。让墙布自然干透，禁止使用空调、烘干机，否则容易出现翘边、开裂现象。

<8> 墙布的材质较硬，在对阴阳角进行处理时要借助 2000W 以上的壁布软化器来进行软化，软化时壁布软化器口离壁布的距离约为 8cm。壁布软化器滑行均匀，不能烫伤壁布的表面。

5.4.13 无缝墙布的施工方法

无缝墙布是一种新型的墙面装修材料，是近几年国内开发的一款新的墙面装饰产品，在我国的华南、西南地区比较流行，它是根据室内墙面的高度设计的，用墙布的幅宽满足室内墙面的高度、幅宽在 2.8—3.1m 之间、按室内墙面的周长整体粘贴的墙布。"无缝"即整体施工，可根据室内的周长定制，一个房间用一块布粘贴，粘贴效果非常好，墙面上看不到任何接缝，如果墙面阴阳角不直，在征得客户同意的情况下，可以在阴角处裁断，确保粘贴的整体效果。

无缝墙布是伴随着墙布功能的不断完善而兴起的，目前市场的无缝墙布基本具有阻燃、隔热、吸音、抗菌、防霉、防水、防油、防污、防尘、防静电等特点。

无缝墙布有冷胶和热胶两种，区别在于，冷胶墙布粘贴时需要刷胶，热胶墙布底面自带胶，不需要刷胶，粘贴时将墙布挂在墙上用专用熨斗进行施工（蒸汽熨斗）就像熨衣服一样，把墙布熨在墙上。

<1> 无缝墙布整体上胶方式：墙上上胶。

<2> 两人合作把墙布挂上墙，一人放墙布，一人粘贴，以房间的较隐蔽处为起点或断开处，往一个方向贴。

<3> 用专用拼花对线仪进行定位。

<4> 割出窗、门、开关、空调口的位置，开割前一定要事先考虑周到，不能盲目下刀，墙纸刀不方便裁切，边角可以用剪刀剪。

割出开关位置　　　　　　　割出门的位置

<5> 阴阳角的处理一定要漂亮：先做阴角，左手用大刮板顶住阴角处定位，右手用大刮板顺势刮下，至底边。阳角用专用熨斗压烫，使墙面棱角分明。

<6> 平面用毛刷均匀刮平整，控制好布面松紧度，这点关系到阴角能否做到位、做得漂亮。

门边角用剪刀裁剪更方便

<7> 施工完成后墙面全面检查一遍，如有气泡、空鼓的地方用熨斗压合，确保施工质量。

5.4.14 纱线墙纸的施工方法

纱线墙纸是把一根一根相同或不同材质式样的白色纱线黏合到基材（纸基或无纺布基）上，然后经过印刷、撒金、发泡等工艺实现更多层次效果。

施工方法如下：

<1> 施工时不能溢胶和擦缝，采用浓胶薄涂避免溢胶，如果部分地方出现溢胶，要在最小范围内处理掉，切忌擦缝。

<2> 墙纸平面用毛刷处理，接缝处用海绵压轮处理。

<3> 纱线墙纸的拼缝，也有叠边对裁，叠边对裁时，注意纱线，确保墙纸是竖直的，尽量在同两根纱线之间裁切，防止墙纸跳纱。

<4> 如果出现了跳纱，可以用浓胶将脱落的纱线粘到墙纸上。

<5> 裁边时，没有裁断的纱线用剪刀剪断。

<6> 顶角尽量减少擦拭，擦拭时要轻轻擦，防止起毛边。

5.4.15 玻纤壁布的施工方法

玻纤壁布又称海吉布或刷漆布，用玻璃纤维制作而成，是一种集涂料、墙纸双重效果为一体的墙面装饰材料，配合乳胶漆使用，可大大提升乳胶漆的表现力，给墙面更多机理和造型的同时，克服了传统乳胶漆缺乏质感和单调的缺点，着重呈现凹凸机理质感。

施工方法如下：

<1> 玻纤壁布施工使用胶粉和糯米胶均可，有些厂家配有玻纤壁布专用胶。

<2> 粘贴壁布，确定海吉布正反面，成卷的海吉布，里侧为正面，外侧为反面。散装的海吉布光滑、较亮、较硬的一面为正面，粗糙、较柔软的一面为反面，施工方法和普通壁布相同。

<3> 由于壁布的不同效果需要与涂料搭配才能显现出来，所以在贴完壁布后需要刷涂料，通常情况下，涂料刷两遍。

<4> 玻纤壁布在施工时会导致皮肤瘙痒，属正常现象。

各种造型 5.5 的施工方法

在墙纸的粘贴过程中，开关、阴阳角是我们经常遇到，也是最常见的造型，随着装修风格的多样化，家居装修的个性化，在墙纸施工过程中，我们会经常遇到各种各样的造型，下面我们就几种常见的造型为大家一一讲解。

5.5.1 开关处的施工方法

<1> 先切断电源，然后将开关面板撬开，防止不小心划伤开关面板。

<2> 从开关的四个顶点往中间划"十"字，裁切时要将墙纸掀起，悬空切割，切勿在开关上直接动刀，避免划伤开关。

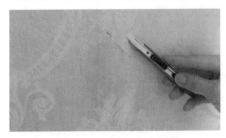

<3> 用刮板将四周墙纸刮平，压严实，不露白边，将多余的边角料裁切掉。

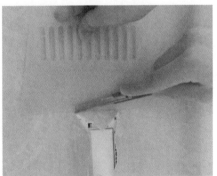

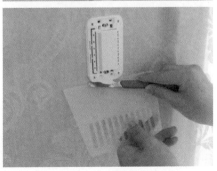

5.5.2 阴阳角的施工方法

<1> 阴角处裁断，裁切时刮板保护到已经贴好墙纸的这面墙，下图中从左往右贴，刮板靠左边顶住右边过阴角的墙面。

底部用墙纸刀裁切

<2> 过阳角时用水平仪打垂直线，确保过阴阳角时墙纸垂直，垂直线以墙纸最靠近阳角处为基准。

<3> 将墙纸往里面移动，在阴角处重叠一部分，重叠的地方越少，对花越工整。

<4> 包好阳角，将墙纸刮平整。

<5> 将过阳角处墙纸刮平整，阴角处压严实。

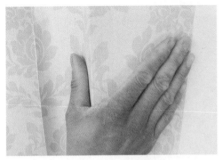

<6> 阴角处裁断，将多余纸撕掉。

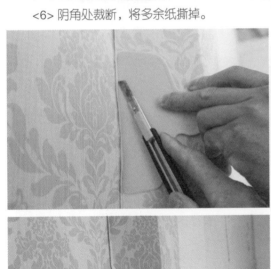

5.5.3 如何包窗

窗户施工分两种情况，一种情况是窗户已经包好窗套，这种情况施工相对简单，将边沿裁断即可；另一种情况是窗户没有包窗套，要用墙纸来包，施工起来要复杂些，下面就详细讲解墙纸包窗的施工方法。

<1> 从左往右包窗（当然也可以从右往左包窗），贴左边第一幅墙纸，确保垂直。

<2> 在窗户两边接缝处用刀将墙纸45°角裁开，将两边分别包好（这是一种较复杂的包窗方法）。

<3> 继续往右贴，将第 2 幅、第 3 幅纸贴好。

<4> 一直往右贴，贴第四幅墙纸，如图窗户可以被全部包起来。

<5> 从阴三角的顶点往左下方向将墙纸割开，确保最大面墙纸完整（常用的包窗方法）。

<6> 将右侧窗户包好。

<7> 补右边的角。

和左边的墙纸对上花

将里面的墙纸挑出

用压轮压严实

也可以将右边包窗的墙纸，窗户以下沿阴角全部割掉，再来补（如下图所示）。

压边裁切

<8> 补左边的角。

补窗户下沿的窗台

补左边立面的墙

上述介绍了两种包窗的方法，这两种方法的优点是可以避免在阳角处拼缝，比较而言第一种方法较复杂，两面墙面都有一个三角形需要修补，第二种方法相对简单，也是我们常用的方法。还有一种最简单的方法，在阳角处直接裁断，然后在阳角处拼接，这种方法的缺点是要在阳角处拼缝，在部分地区还有一些师傅使用这种方法包窗。

5.5.4 字母造型的施工方法

字母造型有直线型和曲线型，直线型字母的施工方法与开关类似，下面分别以"V"和"O"为例详细讲解这类字母造型的施工方法。

"V"字造型的施工步骤

<1> 确定包造型方法，可以只用一幅纸将字母完整包起来，也可以用两幅纸包造型，两幅纸施工时相对简单，不容易起皱。首先确定第一幅纸的位置。

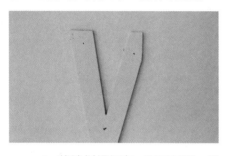

<2> 找到"V"字左边的第一个顶点，用刀刺破。

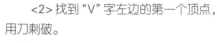

<3> 将墙纸提起来，用刀割开，切忌在造型上直接动刀。

<4> 将造型边沿墙纸压严实，使造型露出来。

<5> 待整幅墙纸贴好，造型边沿处理好，将边角料裁切掉。

<6> 贴第二幅纸，用同样的方法从各个顶点处动刀，将造型挖出来。

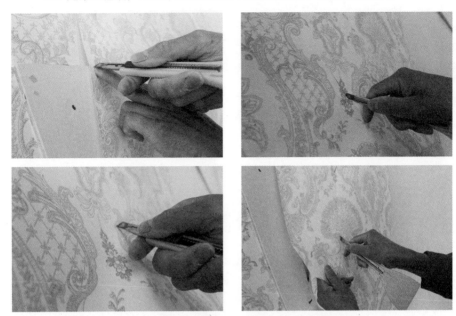

<7> 用刮板将造型四周墙纸压严实，整幅墙纸刮平整。

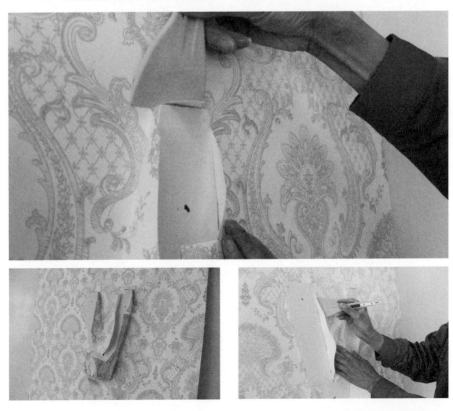

<8> 割掉多余的墙纸。

<9> 中间的倒三角处理比较难，用刮板和墙纸刀割出造型。

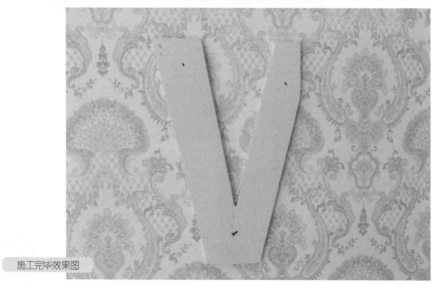

施工完毕效果图

"O"字造型的施工步骤

<1> 沿着内圆边沿，将内圆墙纸割出来。

<2> 用有弧度的小刮板将内圆墙纸处理好。

<3> 处理外圆墙纸，沿着外圆边沿将墙纸割成一小段一小段，用刮板将墙纸刮平整，将多余的墙纸裁切掉。这样外圆墙纸和造型接缝会非常严实，墙纸不会出现褶皱。

<4> 用同样的方法贴好第二张墙纸，也可以沿着外圆的边沿直接裁切，裁切时要注意下部半圆不要露白。

5.5.5 方框线条的施工方法

<1> 计算好从哪里开始至关重要，不信请往下看。

<2> 先拼重要部位。

<3> 然后边缘围上去。

<4> 先难后易。

<5> 水平线经常打开，看看是否平直。

<6> 垂直线如果无法打在墙纸边缘，可以打在墙纸花型上。

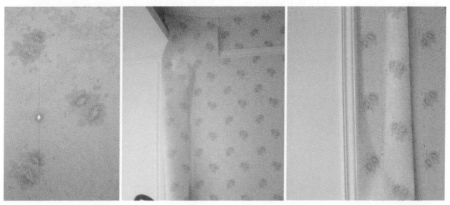

<7> 注意这是第五张墙纸，恰好在线条处。

<8> 第六张也刚刚好，边缘在线条上。

<9> 因为开始位置选得好，所以大大降低了施工难度。

<10> 继续平面铺贴。

5.5.6 拱形门的施工方法

<1> 第一张定位很重要，要考虑到整个造型施工步骤。

<2> 将上部拱形平面贴好。

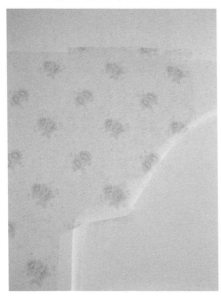

<3> 阳角裁切平整。

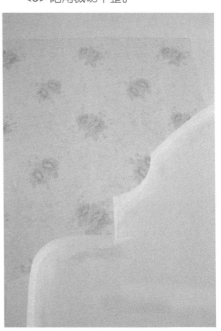

<4> 将造型上部的平面贴完整，阳角裁断。

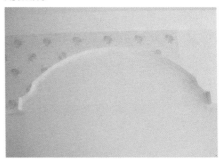

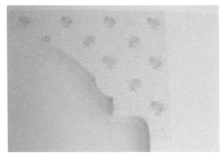

<5> 继续往右贴，开始包拱形门了。

<6> 将弧形和直角处待包的墙纸割断，下部的直角包好，有弧度的地方沿阳角裁断。包完如下图。

<7> 继续往右贴，将拱形门顶部墙纸贴好，阳角裁断。

<8> 开始包第一个拱形造型弧形的下部墙面，阳角拼缝，大花尽量对上。

阳角拼缝

大花要对上

<9> 包拱形两边不规则拱形边。

<10> 贴第一个拱形造型中间部位的墙纸，中间墙纸的花一定要和上方墙纸的花在一条线上。

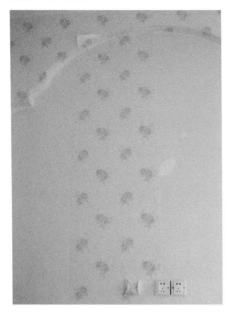

<11> 第一个拱形基本完成。

<13> 先包立柱。

<12> 包拱形门下部拱形和立柱。

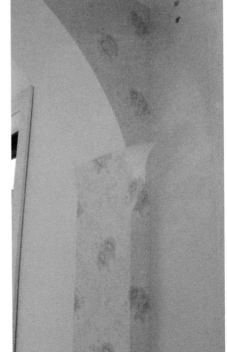

<14> 贴下部拱形,两侧的对花都要考虑到。

<15> 阳角裁断,拼缝。

<16> 完成效果图。

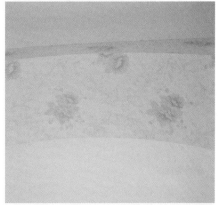

5.5.7 楼梯的施工方法

　　楼梯的施工与平面施工方法一样，只是在裁纸的时候要考虑到楼梯的上下有倾斜角度，裁纸要留出足够的长度。较高楼梯的施工要提前搭好架子，确保施工安全。

<1> 测量高度，裁纸。

<2> 确定第一幅纸的粘贴位置并贴好。

<3> 将剩余部分墙纸贴好。

5.5.8 墙体顶面的施工方法

<1> 在顶部墙面用尺子量出 3—4 个点（最少 3 个点），确定第一幅墙纸的粘贴位置，确保与墙顶部边沿是水平的。

<2> 用红外线经过这几个点打一条直线。

<3> 沿着红外线将第一幅墙纸贴好。

<4> 赶出气泡，修边。

<5> 清理胶痕。

<6> 按第一幅纸贴的方法将后续的墙纸贴完整。

5 CHAPTER 5.6 常见施工
问题解答

5.6.1 应该在装修的什么阶段贴墙纸

墙纸施工是房子装修硬装的最后一道工序，应在木工、油漆、水电、抹灰等所有硬装全部完成，并进行过一次卫生打扫之后进行。

<1> 地板和踢脚线装好

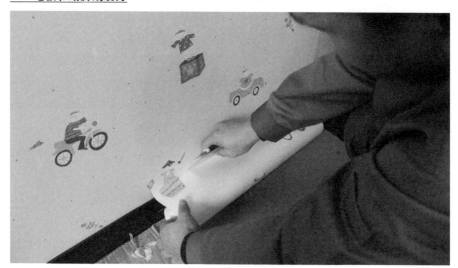

① 避免铺地板时打龙骨、锯木头等使墙纸弄脏。

② 避免安装踢脚线时震动，导致墙纸与墙面分离，从而出现墙纸鼓泡、开裂现象。

墙纸从地角线下鼓起

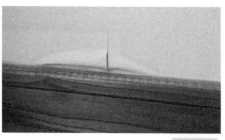

鼓泡开裂

③ 避免切割踢脚线时产生大量的粉尘污染和碰伤墙纸。

④ 一般腻子不会批到墙脚最底下，先贴墙纸没法裁切整齐，时间长了容易出现翘边，导致墙纸往上卷。

⑤ 避免踢脚线因打玻璃胶把墙纸密封起来，使墙体中的水分无法排放，导致踢脚线位置墙纸霉变。

⑥ 踢脚线装好后，有可能墙与踢脚线平直度不够或有缝隙，后贴墙纸有掩盖缝隙的效果。

<2> 门套与门装好

① 先装门，可以避免墙纸碰坏和弄脏，也便于油漆的修补。如果贴好墙纸后进行油漆修补（门套和墙面的缝隙以及踢脚线的缝隙）会把墙纸弄脏。

② 门的尺寸大小可能有出入，如果尺寸偏小，先贴墙纸，装门后会出现空白现象；如果满贴，装门时容易拉扯墙纸，造成墙纸损坏。

<3> 木器油漆完成

不能先贴墙纸，后做木器油漆，因为木器油漆在施工时，会有雾化，油漆会粘在墙纸上。并且油漆施工时，要对成品进行保护，特别是柜子、门、隔断等周边墙面要贴保护膜，如果雾化到墙面，对于墙纸的施工质量是没有保证的，很容易出问题。

<4> 空调孔打好

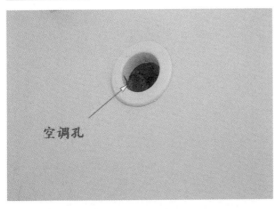

空调孔

① 避免打孔造成墙纸损坏。

② 避免打孔时墙体震动导致墙纸脱落。

③ 避免打孔时灰尘污染墙纸。

<5> 窗帘挂杆孔洞预先打好

窗帘挂杆支座位置设计好，打好孔洞，避免后期打孔污染墙纸表面。特别是植绒、丝绸、深压纹、特殊材质等一些难以打理的墙纸，在粘贴前一定要预先打好窗帘挂杆孔洞。

5.6.2 瓷砖、玻璃等特殊材质能直接贴墙纸吗

墙纸，顾名思义，是贴在墙上的装饰物。不过，有很多朋友好奇墙纸能不能直接贴在玻璃、瓷砖等特殊材质上，让我们一起来看看答案吧！

<1> 玻璃上能不能直接贴墙纸？

答：玻璃上可以直接贴墙纸，但要注意以下几点：

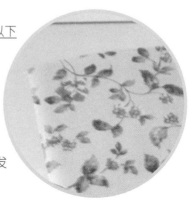

① 在施工前先将玻璃表面油污、灰尘以及水分清理干净。

② 在玻璃上贴墙纸，要选择浓胶以防止脱落，涂胶要均匀。

③ 墙纸贴完后应关闭门窗，防止水分挥发过快造成崩裂或脱落。

<2> 瓷砖上能不能直接贴墙纸?

答：瓷砖由于表面光滑，直接在上面贴墙纸是粘不住的，即使粘上了也会很快脱落。

① 如果需要在瓷砖的位置贴墙纸，最好是将瓷砖敲掉，先处理墙体，再进行墙纸铺贴。

② 万不得已需要在瓷砖上贴墙纸的话，可以将瓷砖处理干净，然后刷一层界面剂，再刮修缝腻子、刷基膜、铺贴墙纸。这样做可以使墙纸粘牢，但耐久度较差。

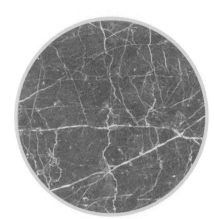

<3> 大理石上能不能直接贴墙纸?

答：大理石是可以直接贴墙纸的，但是不建议贴，原因如下：

① 大理石表面光滑，贴墙纸耐久度不高。

② 大理石到了阴雨天气会返潮，使墙纸发霉或者脱落。

③ 大理石有细孔，特别是洞石类，胶水或者脏东西会渗进细孔里，对大理石造成损害。

<4> 门上能不能直接贴墙纸?

答：门上一般是油漆，所以要根据门的情况而定：

① 如果是光面油漆，表面比较光滑，不能直接在上面贴墙纸。贴之前，使用刀或者其他工具把油漆表层破坏掉，并进行打磨，然后进行墙纸施工。

② 如果油漆不是光面的，有附着点，一般情况下可以直接粘贴墙纸，最安全的做法是在小区域内进行试贴试验。

<5> 木制家具上能不能直接贴墙纸？

答：① 刷过油漆的家具。可以贴墙纸，但必须用刀把油漆层破坏掉，并用钢丝刷来回拉毛，就像补车胎一样，师傅会用木锉刀把橡胶锉毛了再修补，以有利于黏合牢固。

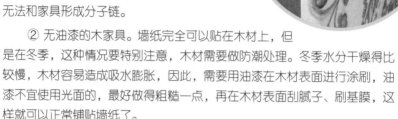

如果不处理，墙纸贴上后非常容易掉，因为家具油漆多为油性漆，油性漆形成的膜比较密，胶水属于环保的水性，胶水分子无法渗透，无法和家具形成分子链。

② 无油漆的木家具。墙纸完全可以贴在木材上，但是在冬季，这种情况要特别注意，木材需要做防潮处理。冬季水分干燥得比较慢，木材容易造成吸水膨胀，因此，需要用油漆在木材表面进行涂刷，油漆不宜使用光面的，最好做得粗糙一点，再在木材表面刮腻子、刷基膜，这样就可以正常铺贴墙纸了。

5.6.3 贴墙纸为什么要闷胶，要注意哪些问题

<1> 贴墙纸为什么要闷胶？

答：墙纸闷胶的主要作用如下：

① 排放墙纸背面纸基空隙中的空气，防止墙纸上墙后鼓泡。

② 增加胶水与墙纸背面的接触时间，使其充分接触，形成分子渗透，便于形成分子链。

③ 墙纸吸水后，充分膨胀、收缩，减少墙纸上墙后出现显缝现象的可能性。

<2> 闷胶时间如何控制?

答：闷胶时间主要根据墙纸的材质、空气温度、湿度等因素确定，了解了闷胶的作用之后，就能根据实际情况掌握闷胶时间。

① 一般情况下，胶面墙纸闷胶 5min 左右就可以施工。

② 纯纸墙纸比较复杂，因为纯纸墙纸会吸水膨胀、干燥收缩。如果闷胶时间不足，纯纸墙纸在干燥后会产生显缝问题，因此，一般常见的纯纸墙纸闷胶时间需在 10min 左右，先使墙纸膨胀，待墙纸有一定的收缩之后再上墙施工。

<3> 闷胶时墙纸如何折放?

答：墙纸折放的原则是保证不污染墙纸表面，根据个人习惯，对折、重叠折都行。

需要注意的是，纯纸如果折痕太多，上墙之后是能看见的，而且是刮不平的，因此纯纸一般是对折之后卷起来进行闷胶。

5.6.4 墙纸拼接为什么会有显缝现象

墙纸粘贴完之后显缝是施工中经常遇到的问题，墙纸显缝影响墙纸粘贴效果，验收时肯定不合格，这也是困扰墙纸经营者和施工技术人员最多的一个问题。

墙纸显缝分为两种情况：

<1> 墙纸铺贴后能看见墙底或白缝

<2> 墙纸铺贴后有明显的拼接痕迹

第 1 种情况

① 墙纸收缩。墙纸纸基吸收胶水，使墙纸产生膨胀现象。在施工的时候，由于墙纸处在吸胶膨胀的状态，铺贴好后，墙纸胶开始变干，水分减少，墙纸就会收缩，造成墙纸拼缝被拉开，严重情况下甚至能很直观地看到墙面。胶面

墙纸和纯纸墙纸出现这种现象较为常见，无纺布墙纸一般较少出现这种情况。

其实这个问题不难解决，建议选择黏结性好、快干型的墙纸胶。黏结性好有利于把墙纸牢牢粘在墙面上，使墙纸缩不回去；快干则是在墙纸还没有明显收缩的时候，胶就已经开始干燥，显现黏结性，从而解决墙纸缩缝的问题。同时，要掌控好闷胶时间，等墙纸上胶后充分膨胀、收缩，胶水中的水分已经蒸发了一部分后，再进行粘贴。

胶面墙纸粘贴完之后由于墙纸收缩造成的隙缝，一般有1—2mm宽，处理起来比较方便，可以使用墙纸软化器软化墙纸，然后用刮板拉伸墙纸表面，把缝隙弥补起来，再使用冷湿毛巾或者海绵冷敷，从热迅速变冷使其定型。其他墙纸，比如纯纸和无纺纸因为容易被拉破，所以很难处理。

② 施工不当。在施工的时候，由于施工师傅在拼缝时没有拼贴到位，造成露墙底现象，可以小心地挑起墙纸，拉伸一下，尽量拼密实。拼缝时出现缝隙也可能是墙纸不够垂直引起的，施工时第一张墙纸的垂直度至关重要，建议师傅在施工时多用水平仪。

③ 墙纸两边的白边没有完全裁切掉，上墙后显白边，不上墙比对也有白边，这样的墙纸可以判断是生产过程中切边不到位造成的。如果是胶面墙纸可以尝试用上述方法解决，无法修补可以向厂家报损。

④ 深色墙纸施工完后，容易出现这种情况，这就是我们常说的"黑纸白边"，如何解决这种情况呢？很多师傅都是在贴完墙纸之后进行补救，先将颜料调配成墙纸表面很接近的颜色，然后用笔进行描接缝处，这样整体效果会很好。但是这种补救方法特别耗时间，我们只要在墙纸裁剪前，将颜料调好，然后将整卷纸的两端像盖印章一样均匀地涂上颜料，最后上墙粘贴，这样贴出来的墙纸就不会显白边，而且还很省时。

调色

将涂料均匀涂在棉布上

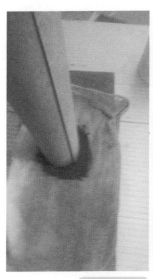

墙纸两端染色　　　　　染色效果，不均匀　　　　　用沾有涂料的棉布补均匀

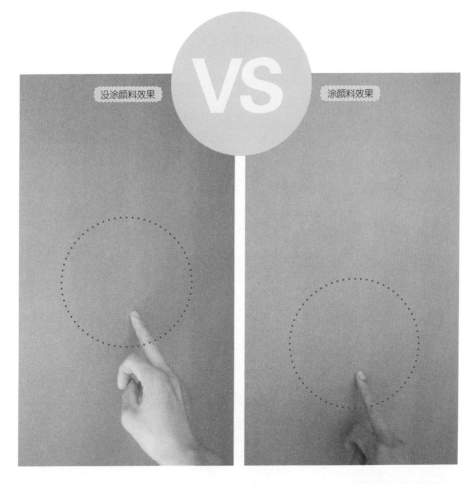

没涂颜料效果　　VS　　涂颜料效果

第 2 种情况

① 施工过程中溢胶，是擦缝造成的，也属于施工操作不正确的表现。此种情况一般会在接缝处 2cm 左右出现色差，在完全干燥时颜色变深，之后变白发亮，过一段时间会变黄，因为墙纸胶水都属于植物淀粉，时间一久就会被氧化。

通过浓胶薄涂能有效避免溢胶。如果不小心溢胶，胶面墙纸和纯纸墙纸可以用海绵将溢出的胶水擦拭干净，如果是无纺布墙布则要在最小范围内处理掉，切忌大面积擦拭，否则一旦造成图中情况，是特别难处理掉的，业主很有可能不接受，造成不必要的损失。

② 在拼缝时刮板和压轮使用不当会引起若干问题。刮板刮得太狠或压轮用力过大，会对墙纸表面造成轻微磨损，表面就会发亮，造成显缝。

③ 墙纸自身色差原因，属于墙纸厂的责任。这个可以向工厂申请报损，但是注意墙纸厂一般只报损 3 卷，因此，3 卷施工完毕后要进行检查，确保无问题后再施工。

④ 墙纸阴阳面问题。墙纸阴阳面属于墙纸生产过程中造成的一种现象，施工过程中一般不会形成阴阳面。阴阳面主要是指墙纸左右两边的颜色深度不一样，或者是胶面墙纸左右两边压纹方向或者深度不同所致。

⑤ 墙纸厚度不均，导致从侧面看会有缝。厚度不均属于严重的质量问题，这种情况一般很少出现。

5.6.5 素色墙纸铺贴时显缝的原因及解决方法

素色墙纸好施工吗?

相对于拼花的墙纸来说很多新师傅觉得素色墙纸不用拼花所以施工很简单。

其实素色墙纸因为没有花纹，所以相对来说更容易发生显缝问题。如果素色墙纸发生显缝现象了，首先要判断其显缝的原因是什么才能采取正确的处理方法。

<1> 有缝隙

如果正面 1.5m 处看到接缝，墙纸没有色差，回忆施工时处理接缝是否认真。这种造成显缝的原因大多为施工问题所致。

处理方法：如墙纸是胶面墙纸，可以用湿毛巾擦湿接缝处，化开墙纸胶，轻轻掀开墙纸，然后使用墙纸软化器软化墙纸，方便拉伸墙纸修理接缝。

如果是纯纸墙纸或无纺布墙纸，则几乎没有可拉伸性，因此无法使用上述方法修理。可使用与墙纸相近颜色的颜料涂抹接缝遮挡底色。

<2> 阴阳面

如果正面 1.5m 处看墙纸条幅之间明显没有整体感，近距离看墙纸接缝处处理完好，无显缝现象。看上去墙纸像有色差，并且接缝处色差是按照，深一浅一深一浅或浅一深一浅一深的明显规律呈现的，则有可能是由阴阳面导致的。找到此款墙纸的标签，看上面是否有标注上下交替粘贴图标（一个向上的箭头一个向下的箭头）。

处理方法：① 如果有则需要按照标识正反交替粘贴，即：浅一浅一深一深相对可避免阴阳面现象。② 如无标识则是墙纸质量问题造成，没有解决方法。大多数墙纸厂家规定如果墙纸本身质量有问题可补发 2—3 卷墙纸。

<3> 露白边

如果在对深颜色墙纸施工时发现底纸略长一点，施工完毕后接缝处会有白边。正面距离墙面 1.5m 处清晰地看到缝隙。

处理方法：① 因为是素色墙纸没有施工的墙纸可以采用搭边裁的方法处理接缝。② 如果已经施工完毕的墙纸可使用与墙纸相近颜色的颜料涂抹接缝遮挡底色。

<4> 溢胶导致

素色墙纸溢胶后不易擦除，擦过后有残留的胶痕。

素色墙纸注意要点：

<1> 在进行施工时一定要想查看墙纸标签上是否有"上下交替"施工标识，如果有这款标识则墙纸应该正反贴，如果正反贴之后还有阴阳面现象可以再次尝试正常贴。

<2> 素色无纺布墙纸施工时要尽量避免溢胶、避免擦拭，一旦擦拭力度很大就会留下痕迹。如不幸溢胶，要在最小范围内将溢出的胶水吸拭，对颜色较深的素色墙纸动作要轻柔。

<3> 胶面素色墙纸，第一幅墙纸粘贴半个小时一定要注意检查墙纸的接缝是否有显缝有胶印。有胶印则说明该款胶面墙纸不能溢胶，溢胶有痕迹。

5.6.6 墙纸贴完后为什么接缝处会发黑或者发亮

有时墙纸贴完后，接缝处会有发黑或者发亮的现象，这是什么原因呢？

<1> 接缝处发黑的原因

① 墙纸表面有金属成分，如果使用胶粉胶浆组合施工，当接缝处溢胶就会和金属发生置换反应，造成墙纸接缝处变成黑色。

② 墙纸施工过程中溢胶，胶水粘上粉尘形成黑色的灰泥。这个可以通过橡皮擦掉。

③ 在墙纸施工之前，没有注意保护墙纸，致使墙纸边缘被灰尘污染，施工时和胶水混合，接缝处发黑就会更加明显。这个也可以用橡皮擦拭，但是比第二点的情况难处理一些。

<2> 接缝处发亮的原因

① 溢胶了没有及时擦干净，胶水干透之后会发白，在光线下反光发亮。施工过程中要做到不溢胶，尤其是丝绸、纱线之类的墙纸，是绝对不能溢胶的。

② 墙纸贴上之后，施工人员习惯性地擦缝，而擦缝的毛巾或者海绵上面有胶水，这样就会污染到墙纸表面接缝处，使得胶水干燥后发白。擦缝是不好的习惯，在施工过程中要注意避免。

③ 施工过程中，使用刮板过度，容易造成墙纸表面接缝处摩擦反光，出现不同的反射面，在光线下就会出现发亮现象。

5.6.7 墙纸贴好后为什么接缝处会拱起

REASON
原因一

墙纸没有充分膨胀就施工，上墙后墙纸会继续膨胀，接缝处就非常容易拱起。

PREVENTION
预防对策

闷胶时间必须充分，不能急于施工；纯纸墙纸和胶面墙纸等需要在纸上上胶并且闷胶的墙纸，不要在墙上上胶。

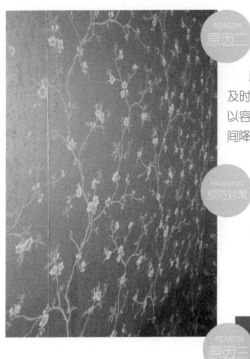

REASON
原因二

胶水涂刷过厚，干燥时间过长，不能及时产生黏性，无法克服墙纸的张力，所以容易拱起；冬季气温低，胶水干燥的时间降低，也会造成拱起现象。

PREVENTION
预防对策

浓胶薄涂，缩短胶水干燥时间。

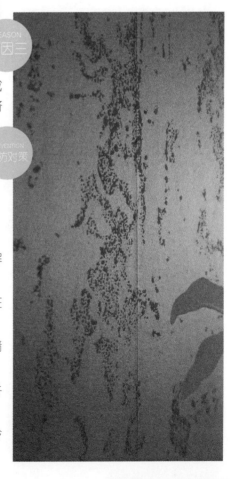

REASON
原因三

墙纸铺贴的时候出现了叠边现象，或者刮板使劲赶压使两幅纸的边缘互相挤压，造成拱起。

PREVENTION
预防对策

铺贴时应细心，不要用刮板使劲赶压接缝。

对于已经拱起的墙纸，可采取以下方法：

<1> 使用温水把墙纸背面的胶水溶解刮掉；

<2> 待墙纸干燥后，使用胶水涂刷在墙纸背面或者墙面上；

<3> 使用墙纸软化器加热墙纸，使墙纸变软；

<4> 用刮板将墙纸固定在墙面上，并继续加热；

<5> 使用湿毛巾冷敷，通过快速变冷使墙纸定型。

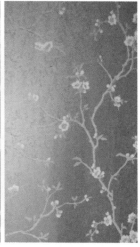

SKILL
小技巧

在冬季，纯纸墙纸，尤其是光面墙纸，接缝处比较容易出现拱起现象。除了上述的对策之外，还可以采取以下技巧：

上胶时一次可上 6 幅左右，充分闷胶使其吸水、软化，然后将所有上好胶的纸贴上墙，接缝处先不要管。继续裁 6 幅纸进行上胶闷胶，纸边盖湿毛巾保湿。

这时墙上的胶水接近干燥，再来处理墙上墙纸的接缝。用洁净湿毛巾将墙纸接缝处表面擦湿，注意湿毛巾水分不能太多，然后用压轮逐一去压缝，一压就能粘牢！表面擦水是为了使纸充分吸水软化，里外合一，利于接缝压平整。

5.6.8 刚贴的胶面墙纸起泡是怎么回事，如何处理

在胶面墙纸施工时，很多师傅会遇到这样的问题：刚贴的胶面墙纸起泡。为什么会出现这样的状况，如何处理？

起泡的原因，有以下 5 种可能：

<1> 粘贴墙纸前没有刷基膜；或者刷了但没有刷均匀；还有一种情况是，一罐基膜涂刷面积过大，过于稀薄导致不成膜。

<2> 粘贴纸基墙纸时，没有闷胶或者闷胶时间过短。

<3> 使用刮板时力道没有把握好，用力过度，导致墙纸背面的胶被部分刮掉。

<4> 有些墙纸花纹凹凸，容易产生涂胶不均匀的现象。

<5> 墙纸与墙体之间有空气存在。

如何预防及处理，有以下 4 种方法：

<1> 一定要形成粘贴墙纸前要先刷基膜的意识，培养良好的施工习惯，而且刷了基膜，一定要等基膜全干才能粘贴墙纸。

<2> 纸基墙纸要闷胶后再上墙。一般胶面墙纸以闷胶 5min 左右为宜，纯纸墙纸 8min 左右为宜。具体闷胶时间还要考虑天气、墙体情况等因素。

<3> 用毛刷刮板时，用力均匀，使胶涂布均匀。

<4> 对于凹凸花纹的墙纸，要用墙面上胶的方式，确保涂布均匀。

5.6.9 贴墙纸为什么会出现空鼓现象

什么是空鼓现象？墙纸表面出现小块凸起，墙纸内有空气，或墙体空鼓。

出现空鼓现象的原因：

<1> 粘贴墙纸时赶压不当，一是赶压力量太小，多余胶液未被挤出，存留在墙纸内部，形成胶囊状；二是未能将墙纸内部空气赶净，形成气泡；三是往返赶压胶液次数过多，令胶液干结。

<2> 涂刷胶液厚薄不匀，或有的地方漏刷。

<3> 基层表面未清洁干净，有浮尘、油污等杂质。

<4> 墙体空鼓。

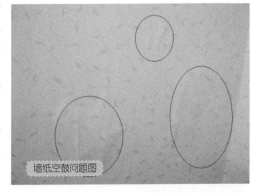

墙纸空鼓问题图

基层不平整，有松软脱落、裂缝空鼓、凹陷等现象。

被污染的墙体基层

墙面出现裂缝

裂缝的基层

防止空鼓现象措施

<1> 施工时，应用刮板由里向外刮抹，将多余的胶液赶出。

<2> 涂刷胶液要均匀。为防止涂刷不均，涂刷后可先用刮板刮一次，将多余胶液回收再用。

<3> 基层必须干燥，含水率小于8%。

<4> 处理好基层，达到平整、干净、光滑。

5.6.10 贴好的墙纸边角会翘起来是什么原因

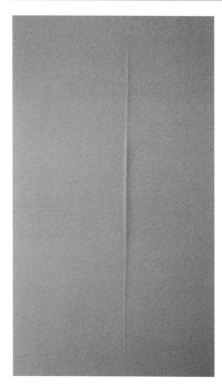

<1> 施工师傅基膜涂刷时边角未能涂刷到位，或者刷胶不均，导致翘边翘角。或者是边角胶水已经干了，这个时候要涂少量的胶水，过一会再压平整。

<2> 胶粘剂分子与墙纸没有完全渗透，接触区不够稠密，影响黏结力。

<3> 墙纸胶粉与胶浆在调制过程中兑水比例不适中，影响黏结力。

<4> 调制好的墙纸胶放置时间过长，部分已水化，失去黏结力。

<5> 墙纸胶调制完成后，有部分还处于颗粒状，没有糊化完全。

<6> 墙纸基膜未完全干燥就进行粘贴。

<7> 油漆墙面太过光滑，会造成附着力降低。

<8> 墙面基层表面浮尘未净，或有油污，或基层潮湿，使胶液与基层黏结不牢。

<9> 阳角粘贴时，裹过阳角的墙纸少于20mm，克服不了墙纸表面张力。

<10> 冬季施工或者是墙纸受风，导致墙纸硬化，边角卷曲。这时候需要墙纸软化器，加热墙纸，软化后，立即压平，继续使用墙纸软化器加热，然后用湿毛巾或者海绵，敷在加热过的部位，使其迅速冷却定型。

<11> 墙体基层不牢固，墙纸将腻子层带起。

5.6.11 施工完成后墙纸和墙面同时起翘是什么原因

施工完成后，如果出现墙纸和墙面同时起翘的现象，是非常棘手的。正因如此，提前做好预防工作很关键。下面看看可能引起墙纸和墙面同时起翘的原因。

<1> 腻子的质量太差

腻子的质量太差，是造成墙纸和墙皮同时起翘的最主要原因。没有质量保证的腻子，腻子粉之间的牢固度极差，在施工完成后，墙纸干燥收缩，就会带动墙皮脱落，导致墙纸和墙皮同时起翘。

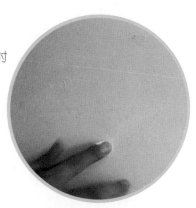

<2> 没有选择对应的基膜

松软掉粉的墙体，如果没有刷渗透型基膜，而是刷了其他类型的基膜如标准基膜等，就会出现起翘的现象；乳胶漆墙面，如果刷了普通的基膜而没有刷墙基宝的话，水分就会穿过乳胶漆到达腻子层，使腻子层松散，并产生墙面空鼓现象，造成墙纸和墙面起翘。

<3> 基膜没有干透就施工

很多师傅为了节省时间，在基膜没有干透就施工，这时候基膜的作用还没有发挥出来，不仅起不到应有的作用，反而会给施工带来不利影响，墙纸会同基膜甚至墙皮一起脱落。

<4> 叠边对裁用刀过重损坏墙面

叠边对裁的墙纸，一旦用刀的力度过重，就会划伤墙体，胶水中的水分透过损伤部位渗透进墙体，就会使腻子层松散，导致墙纸和墙皮脱落。

<5> 涂胶过厚，反复刮压

胶水涂刷过厚，如果再反复刮压，导致墙纸在干燥后就会产生起翘的现象。

5.6.12 墙纸对不上花的原因有哪些

在贴墙纸的时候，贴着贴着就对不上花了，有时甚至贴第二幅的时候就已经对不上花，这是怎么回事呢?

<1> 墙纸不合格

墙纸不合格，花距不标准，自然就对不上花。因此在施工之前，首先要检查墙纸的质量。可以将墙纸铺在桌子上进行对花测试，确定墙纸合格后再进行施工。

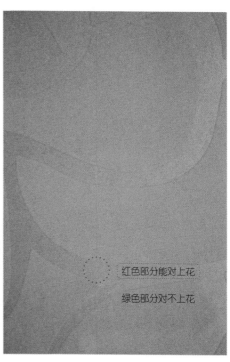

红色部分能对上花

绿色部分对不上花

\<2\> 裁纸不当

在裁纸时，没有考虑到对花问题，或者由于计算失误，造成第二幅墙纸裁的长度与第一幅相同，但上墙后对花会发现，要么上面短了一截，要么下面短了一截。这种情况一般新手会遇到，只能重新裁纸。

\<3\> 墙纸被拉长了

墙纸具有一定的收缩性，材质也比较柔软，如果前面一幅墙纸上墙后使用刮板的力度过猛，墙纸就会被拉长，这时再贴下一幅就会出现对不上花的情况。

\<4\> 墙纸不垂直

在贴墙纸的时候，如果前面一幅墙纸没有垂直而是贴歪了，下一幅在垂直贴的时候，就会有缝隙，导致对不上花。

\<5\> 阳角不直

在包阳角的时候，如果阳角不直，墙纸包过阳角之后，边缘就不再垂直，从而出现下一幅墙纸对不上花的情况。

5.6.13 贴完墙纸顶部乳胶漆起皮是什么原因

很多客户家里贴完墙纸，在享受墙纸给我们带来温馨、舒适家居环境的同时，却发现天花板顶部墙纸边沿的乳胶漆没有以前光泽、平整，乳胶漆表面起皮了。

很显然这是在施工过程中墙面上沾到了胶水引起的，那沾了胶水怎么会引起乳胶漆起皮呢？因为顶部乳胶漆没有刷基膜，墙体的硬度不够高，一旦沾了胶水，形成一层胶水层，在胶水干燥过程中，水分挥发，收缩，会产生拉力，将乳胶漆层带起来。

起皮之后应如何处理呢？先用沙皮将起皮的地方打磨干净，然后再刷乳胶漆。处理起来比较麻烦，而且一不小心会将墙纸弄脏，所以重在预防。

方法一：贴完墙纸要及时将胶水污染的地方擦干净，记住一定要擦干净，不能有胶水残留。有些师傅说我已经擦过了，还会起皮，那只有一个原因，没有擦干净。

方法二：贴墙纸前在墙体顶部贴好保护带，待贴完墙纸将保护带撕掉。

方法三：在刷完胶水的墙纸上部折一小部分，这样贴墙纸时，胶水不会污染到墙面。

5.6.14 无纺壁画贴完有水印，干燥后还在是怎么回事

问题：壁画刚贴完就有水印，干燥3天了水印还在，请问是怎么回事？壁画是无纺布材质，用的是糯米胶。

出现这种情况的原因可能有：

<1> 墙面未处理好，墙底本身有色差，导致透底；

<2> 在墙纸背面上胶，导致透底，无纺布一般采取墙上上胶的方式；

<3> 墙体酸碱度未检测，产生了泛碱现象；

<4> 墙面局部渗水；

<5> 上胶不均匀。

←壁纸发霉

墙纸出现霉变有以下几种原因：

<1> 墙体潮湿。墙体没有完全干透就开始施工，容易发霉。贴墙纸时，要求墙体湿度不能超过8%。

<2> 墙体渗水，一般表现在墙面顶部和底部发霉。

<3> 空气湿度大，没有及时关窗。

<4> 胶水调配过稀，上胶过厚会导致墙纸干燥时间过长，也会引起霉变。

<5> 人为原因导致墙纸潮湿，从而产生霉变。

如何预防墙纸发霉？

墙纸发霉有内侧发霉和表面发霉两种情况，内侧发霉的一般多为胶面墙纸，或者透气性差的墙纸。主要原因是墙体内的水分较多，由于墙纸透气性不好，水分无法挥发，或者挥发比较迟缓，滋生大量霉菌。表面发霉主要是空气湿度比较大或者墙纸表面有灰尘堆积，导致墙纸发霉。

防止办法：

<1> 尽量选择透气性好的墙纸。墙纸是否会发生霉变，取决于材质和透气性能。一般来说，一些纯天然材质，如加强型木浆，特别是木纤维材质的墙纸是不易发生霉变的。

<2> 墙体必须是干燥的，墙体干燥程度要能达到墙纸施工要求（使用湿度测试仪，数值不能超过8%）。

<3> 在装修的时候把墙体防水做好，基膜一定要刷，如果是地下室或者1楼，防水应更加注意，尽量做到墙体里外都进行防水处理，尽量选择无纺布墙纸。

<4> 一定要刷基膜，为了保险在刷基膜前做防霉处理，喷洒防霉剂，刷完基膜之后再次喷洒防霉剂，在最大程度上确保防霉。

<5> 在调胶时，尽量把胶水调浓一点，上胶时使用细短毛滚筒，把胶水尽量上薄一点，薄薄的一层胶就足够了，大概3—4h墙纸胶就干了，墙纸不仅不会发霉，也不会翘边、显缝。墙纸翘边、显缝其实很多时候是因为胶水太稀或者胶水太厚造成的。

<6> 定期对墙纸进行打理，每个月最好用鸡毛掸子对墙纸进行打扫，减小墙纸霉变的概率。如果遇到潮湿天气，家里最好紧闭门窗，防止潮气的入侵。

墙纸发霉了怎么处理?

对于已经发霉的墙纸处理方式如下:

<1> 霉点不大的,发霉时间在 2—3 个月内的可以先用湿毛巾擦拭霉点,把大量的霉菌先处理掉;然后将防霉剂或者除霉剂喷洒到墙纸发霉的地方,杀死墙纸上的霉菌,通风干燥之后,霉菌除掉,小面积的霉斑基本可以消除。干燥之后重复喷洒几次可以有效避免墙纸再次发霉。

<2> 发霉面积较大,斑点较多且严重的,把墙纸重新撕掉,将墙面上的霉点去掉(如果去不掉要重新批墙),重新贴墙纸。

<3> 窗台下部或者说是外墙渗水导致的发霉,一般会将墙面基层泡得很松软,再重贴墙纸前,一定要将墙面基层铲除,重新批腻子,刷基膜。

5.6.16 春季墙纸施工过程中如何防潮

春天湿气比较重,进入春季之后,很多正在装修的家庭都会遇到居室潮湿的困扰。春季贴墙纸,施工过程中如何防潮?成为众多墙纸经销商和消费者关心的问题。下面就为大家整理了一些春季墙纸施工防潮小窍门,希望可以帮助到大家。

有朋友问春季能不能贴墙纸?春季当然能贴墙纸,但是春季贴墙纸要注意防潮,注意以下几点,完美施工不是梦。

第一,待贴纸的墙面要确保干燥,墙体水分不能过多,水分过多会导致墙纸发霉。

第二,春季墙体容易返潮,在贴墙纸之前一定要做防潮工作,选择市面上防潮功能较强的墙基膜处理墙体,可以有效防止墙体内湿气外渗,也可以防止空气中的水分渗透到墙体内。

第三，贴墙纸尽量避开回潮天，回潮天空气湿度大，墙面如果出现水珠，水颗粒，切忌不能粘贴墙纸。

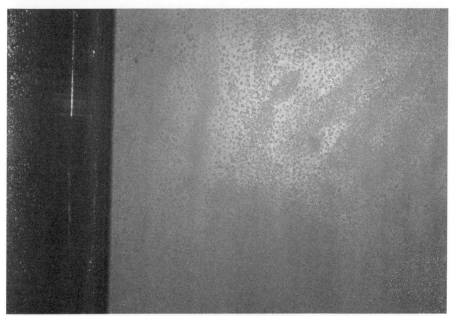

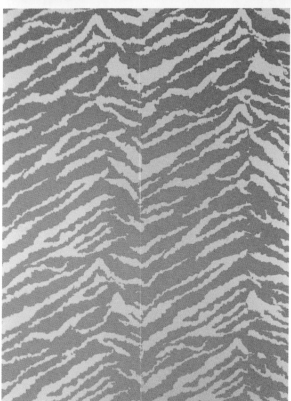

第四，春季阴雨天，空气湿度较大，如果墙面干燥，没有水滴，可以贴墙纸，一般贴无纺布墙纸无大碍，但是贴胶面墙纸和纯纸墙纸要小心，在粘贴过程中如果发现接缝处大面积显缝或局部显缝，要立即停止施工。

哪些地方的墙面容易受潮？

<1> 卫生间四周的墙面

卫生间四周的墙面容易受潮，这些地方的墙面要经过特殊处理，卫生间四周的墙面，墙体的两面都要做防水处理，而且不能仅仅做 2m 高的防水，起不到真正防水效果，而要做整个墙面的防水。做完防水，在待贴墙面上批腻子，然后刷防水效果很强的墙基膜，刷两遍效果更好。

<3> 窗台下的墙面

窗台下的墙面，容易被水打湿，下雨天要关好窗户。

<2> 外墙的内墙面

外墙风吹雨淋，经常被雨水打湿，水分会渗透到墙体内，墙体受潮，内墙上的墙纸容易发霉，鼓泡，而且内墙墙体也容易损坏。外墙刷防水效果很好的防水腻子，内墙用墙基膜做好防潮，可以起到很好的防潮效果。

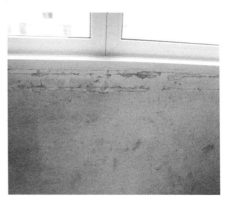

<4> 一楼墙面和地下室墙面

一楼紧靠地面，地下室在地面以下，也是极容易受潮的地方。这些地方的墙面，首先要做好墙面防潮，其次要注意通风，最后要选用透气性好的墙纸。

5.6.17 常见的因墙纸施工不当而被误判为质量问题的现象有哪些

墙纸施工时，如果一些细节处理不当而被误认为是质量问题，会对整个工程质量产生影响，从而影响验收。要想提升工程质量，就必须在这些细节处做到恰当合适。

常见的因施工不当而被误判为质量问题的现象有：

<1> 误将不同批号墙纸贴在同一墙面，产生色差，被误认为是批内色差。

提示：购买墙纸和施工时一定要注意墙纸的批号。

<2> 施工时采用品质不过关的胶粘剂，或墙纸背面上胶水时涂刷不均匀，导致墙纸出现翘边，而被误认为是无法粘贴。

提示：好马配好鞍，不要因为几十块钱胶水的事影响整个工程的质量，最好使用品牌产品。

<3> 施工时为处理接缝，使劲用刮板刮擦，导致接缝两侧纹路受损，侧观时发亮，被误认为是侧观阴影。

提示：温柔施工。

<4> 施工时墙纸表面用刮板或硬毛巾（有很多线头）使劲刮擦，导致印墨或金、银、珠光粉等脱落，而被误认为是墙纸色牢度不够。

提示：力度要适宜。

<5> 施工时因手未洗净、毛巾太脏、墙面脏东西由接缝处渗出，导致接缝处侧观发黑，被误认为是侧观阴影。

提示：施工前确保双手和毛巾清洁。

<6> 施工时因胶水由接缝处大量溢出，后续未用海绵蘸大量清水洗净，墙纸上墙若干天后接缝处发黄，被误认为是质量问题。

提示：发现胶水溢出，及时用海绵蘸清水洗净，丝绸、纱线等不允许溢胶的墙纸绝对不能溢胶。

<7> 金属墙纸施工时采用硬质刮板，导致金属表面受损或产生划痕，被误认为是质量问题。

提示：根据墙纸材质，有针对性地选择施工工具。

<8> 金属墙纸施工时误将白胶浆沾染到金属表面，导致金属失去光泽（白胶浆会在金属表面形成雾状膜，且无法擦拭），被误认为是质量问题。

提示：金属墙纸很漂亮，但它也怕胶水。

<9> 墙面刷过基膜后未待基膜干透就粘贴墙纸，导致墙纸和墙体一起脱落，被误认为是基膜质量问题或墙体问题。

提示：墙面未干就施工可是大忌，基膜干透要 24h，建议提前一天刷基膜。

<10> 因墙体渗水，导致墙纸粘贴过一段时间后，由底纸开始发霉，霉菌的分泌物与胶料发生化学反应，导致墙纸表面大面积变色，出现红斑或蓝斑，而被误认为是质量问题。

提示：墙面防潮很重要，建议施工前应检测墙体的干燥度。

5.6.18 旧墙纸如何更换，更换旧墙纸要做啥处理

经常有客户来电咨询，能不能直接在旧墙纸上贴墙纸? 答案是否定的。首先，旧墙纸上粘贴墙纸容易脱落，特别是胶面墙纸，肯定粘不牢，贴完墙纸过几天就会翘边，脱落；其次，墙纸有使用寿命，旧墙纸使用多年，已经老化，容易脱落，在旧墙纸上直接粘贴会影响新墙纸的使用寿命，而且会有很多隐患。旧墙纸更换最正确的做法是撕掉墙面上原有的墙纸，重新粘贴。

旧墙纸如何清除?

<1> 先将墙纸表层撕掉。

<2> 用滚筒在底纸上刷水，溶解胶水，阴角处用毛刷。

<3> 待墙纸胶水溶解，将底纸撕掉。

<4> 处理阴角等处不易撕除的墙纸。　　　　<5> 清理撕掉的墙纸。

墙纸撕掉后墙面需要处理吗？

如果墙纸撕掉后，墙面平整，墙体没有被破坏，墙面牢固度很好，而且在第一次贴墙纸的时候已经使用基膜处理了墙面，那么在墙纸撕掉之后，直接粘贴就好了。

如果墙纸撕掉后墙面不平整，墙体有脱落，说明在第一次贴墙纸的时候，墙体处理不到位，有的甚至没有使用基膜，或者使用的基膜不适合，就会出现撕掉老墙纸的时候，墙体腻子粉层也一起脱落，因此需要重新刮腻子粉，再刷基膜，完全干燥后再粘贴墙纸。

墙体基层有脱落

墙面不平整

因此，在墙纸施工之前对墙体的处理非常重要，对于家装来说，如果想在以后若干年内更换墙纸不再重新处理墙体，先要使用渗透型基膜，然后再使用金刚基膜。渗透基膜渗透腻子层，加固腻子层与墙体之间的牢固度及腻子粉之间的牢固度，完全干燥之后再使用金刚基膜，形成更加坚硬的保护层，确保在以后更换墙纸过程中墙体始终保持完美。

CHAPTER

墙纸的
验收和养护

CHAPTER *6*

墙纸发霉、翘边、起泡等一系列施工问题，是不是经常困扰着你？是不是经常一趟一趟地往客户家跑，解决各种墙纸施工售后问题？人们常说"授人以鱼，不如授人以渔"，在墙纸施工中同样适用。如果我们在墙纸施工结束后告诉客户施工后注意事项，是不是能够避免很多问题？如果我们在验收时告诉客户各种墙纸的保养方法，是不是能够省却很多可以预防的墙纸问题？如果我们将类似起泡等这种小问题的修补方法告诉客户，让客户能够自己动手解决，是不是能够免去客户烦恼，也免去我们来回奔波之苦？

6.1 墙纸的 施 工 验 收

　　了解墙纸验收标准，在施工过程中我们就有标准，有了参照，施工过程中不会出现重大失误。如何对墙纸施工进行规范化验收也是很多业主十分关心的问题。

　　依据中华人民共和国国家标准 GB 50210—2001《建筑装饰装修工程质量验收规范》关于墙纸施工验收的规定，结合嘉力丰学院多年的培训实践经验，制定墙纸施工验收标准如下：

墙纸施工墙体验收标准：

　　<1> 基层腻子应坚实、牢固、无粉化、起皮和裂缝，腻子的黏结强度应符合建筑室内用腻子的规定。

　　检验方法：观察；手摸检查；检查施工记录。

　　<2> 混凝土或抹灰基层含水率不得大于 8%，木材基层的含水率不得大于 12%。

　　检验方法：水分测量仪检测。

　　<3> 基层表面平整度，立面垂直度及阴阳角方正应达到如下要求：

项次	项目	允许误差（mm）	检查方法
1	立面垂直度	3	用2m垂直检测尺检查
2	表面平整度	3	用2m靠尺和塞尺检查
3	阴阳角方正	3	用直角检测尺检查

<4> 基层表面颜色应一致，没有污点，没有色差。

检验方法：观察。

<5> 墙体酸碱度适中，pH 值在 7—8 之间。

检验方法：pH 试纸检测。

<6> 粘贴前应选用合适的墙基膜涂刷墙面，起到加固墙面，防潮，抗酸、碱的作用。

检验方法：观察，手摸检查，检查施工记录。

<7> 严重粉化，脱落的旧墙面在粘贴前应清除疏松的旧墙面，重新批刮腻子。

检验方法：观察，手摸检查，小锤敲击墙面。

墙纸粘贴验收标准：

<1> 本标准适用于纸质、胶面、无纺、墙布等各类墙纸和墙布的施工质量验收。

<2> 墙纸、墙布的种类、规格、图案、颜色和燃烧性能等级必须符合设计要求及国家现行标准的有关规定。

检验方法：观察，检查产品合格证书、进场验收记录和性能检测报告。

合格标签

检测证书

<3> 粘贴工程基层处理质量应符合本规范墙纸施工墙体验收标准的要求。

<4> 检查各款墙纸是否按要求的位置进行粘贴。

检验方法：观察。

<5> 粘贴后各幅拼接应横平竖直，拼接处花纹、图案应吻合，不离缝，不搭接，不显拼缝。

检验方法：观察，普通墙纸拼缝检查距离为墙面 1.5m 处正视，壁画 3m 外正视。

距离墙面 1.5m 检查拼缝

<6> 墙纸、墙布应粘贴牢固，不得有漏贴、补贴、脱层、空鼓和翘边。

检验方法：观察，手摸检查。

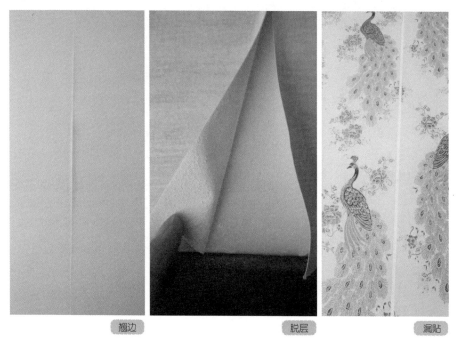

翘边　　　　　　　　　　　　　　脱层　　　　　　　　　　漏贴

<7> 粘贴后的墙纸、墙布表面应平整，色泽应一致，不得有波纹起伏、气泡、裂缝、皱折及斑污，斜视时应无胶痕。

检验方法：观察，手摸检查。

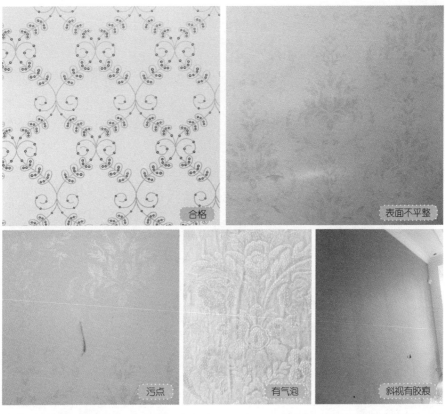

合格

表面不平整

污点

有气泡

斜视有胶痕

<8> 复合压花墙纸的压痕及发泡墙纸的发泡层应无损坏。

检验方法：观察。

<9> 墙纸、墙布与各种装饰线、设备线盒应交接严密。

检验方法：观察。

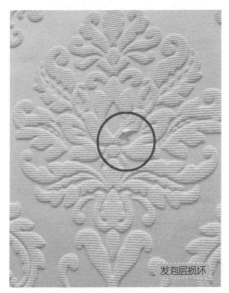

发泡层损坏

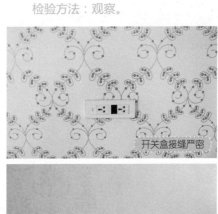

开关盒接缝严密

<10> 墙纸、墙布边缘应平直整齐，不得有毛边、飞刺。

检验方法：观察。

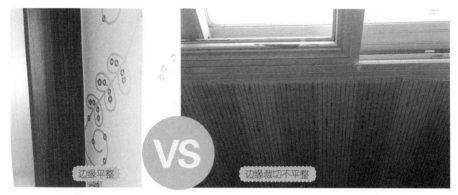

边缘平整　　VS　　边缘裁切不平整

<11> 墙纸、墙布阴角处搭接应顺光、无空鼓，对花工整，阳角处应无接缝、无空鼓、无凹陷。

阳角直，没有空鼓，没有接缝　　阴角无空鼓，对花工整　　阴角没对上花

<12> 有腰线的墙纸，腰线在同一个空间（房间）内处于一个水平位置，腰线不得粘贴到墙纸的表面，腰线处切割要平直整齐，不得有毛边、飞刺。非直边腰线不在此列。

检验方法：目视法，手摸检查。

平面没对上花

6.2 完工之后应注意事项

施工完毕，看着美美的墙纸是不是很惬意？是不是觉得又一件艺术品在你手上诞生了！但是，如果一不小心，因为人为因素破坏掉这么美的东西，会不会觉得很可惜？

所以，在墙纸施工完毕之后要告知客户施工后的注意事项。

<1> 粘贴完墙纸的房间应该关闭门窗 3—5 天，让墙纸自然阴干。因为刚贴完墙纸的房间立刻通风会导致墙纸翘边和起鼓。

<2> 要注意墙纸贴完一个月内室内温差不可太大。室内外温差过大容易导致墙纸开裂，施工完毕半个月内禁止使用暖气、空调等设备。

<3> 避免热气对着墙纸吹。墙纸遇热容易发生开裂、变色的情况，因此用户在冬季取暖时切忌不要将暖气直接对着墙纸吹。

<4> 要注意不要让桌子和椅子的尖角对着墙纸，这样很容易导致墙纸破裂，影响美观。

<5> 避免紫外线直射。夏天阳光充足，墙纸受日光照射时，由于紫外线的作用容易褪色。建议住户不在家时，应该用帘子或百叶窗等遮光，避免日光直接照射。

<6> 注意调节室内湿度。香烟烟雾或厨房油烟会在短时间内让墙纸变黄；结露或湿气则是产生污渍、剥落、霉变的主要原因，为避免这种情况，夏季就要注意保持室内的通风换气及湿度调节。

<7> 施工完毕后，剩余的墙纸切记要保存好，不要随手扔掉。当墙纸表面受到污染，无法清除污渍，或墙纸破损时，可用剩余墙纸进行修复。

墙纸的日常保洁

6.3

CHAPTER

    墙纸如果长期不清洁，会导致积灰太深，污渍很可能渗入墙纸，到时再清洁会很麻烦。因此当发现墙纸脏时只要用吸尘器或鸡毛掸子去除灰尘即可。每隔一段时间也可以用海绵蘸取稀释后的清洁剂，在把海绵拧干后擦拭，这样可以有效防止墙纸发霉，将墙纸打扫干净。墙纸保养维护需要结合产品材质进行处理，产品材质一般分为以下几类：**胶面墙纸、纯纸墙纸、无纺布墙纸、天然材质墙纸。**

    <1> 胶面墙纸： 用少量清水擦洗或干净的白色湿毛巾轻轻擦拭，如有明显污渍选用墙纸清洁剂进行擦拭。

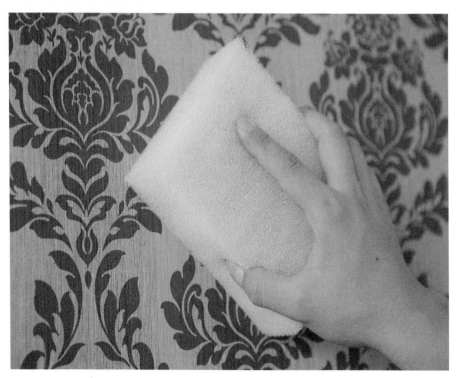

<2> 纯纸墙纸：采用海绵或无色的干净湿毛巾轻轻擦拭，且控制水分不要太多。不能过分用力擦拭以免擦坏墙纸表面。

<3> 无纺布墙纸：选用鸡毛掸掸去灰尘，再选用干净的湿毛巾采用粘贴方法来维护。

<4> 天然材质墙纸：采用干的毛巾或鸡毛掸清洁。

介绍几款维修和保养的产品：

<1> 墙纸接缝胶：墙纸接缝胶主要用于墙纸在使用过程中出现翘边现象的接缝处理，此胶干燥快、黏性大，能快速黏合墙纸开缝处。此胶水配备针式尖嘴一个，方便细小开缝处的处理。

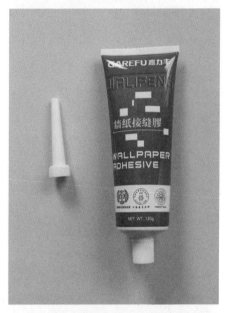

<2> 墙纸清洁剂：墙纸清洁剂专用于墙纸污渍清洁，pH 值中性，对墙纸伤害小，适用于墙纸表面污渍的清洁处理。

<3> 墙纸防霉剂：

通过有效杀死霉菌，防止墙纸霉变。适用于容易霉变的环境墙体。

用法： 可以使用清水稀释，也可以不稀释使用，在涂刷基膜之前喷洒一遍，基膜涂刷之后再次喷洒，也可以只在涂刷基膜干燥之后喷洒，根据墙体或者施工环境具体而定。

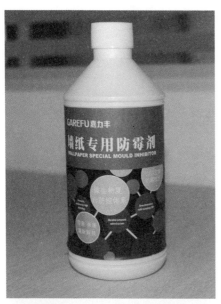

<4> 墙纸除霉剂：

具有强力杀灭分解墙体霉斑之功效，长时间抑制霉斑再生。适用于发霉的白色墙体与白色墙纸，而且主要针对的是新长的霉菌。

方法： 将喷雾器喷嘴调节成雾状，距离墙纸表面20—30cm，先均匀地喷一遍，待墙纸干了，视霉菌残留情况再喷，直至霉菌彻底消失。

保养分季节，冬夏墙纸表面PVC材质的分子活跃程度不同，在采用维护方法时应注意一些细节问题。冬天：可采用一些温水洗洁，更容易加速表面污渍的分解清除。夏天：夏天不能使用温水，因表面PVC分子较活跃，在用水清洁时如水分过多或温度过高会加速水分渗入到墙纸底层，夏天天气较热墙纸表层在快速干燥的同时会收缩，而底层干燥较慢在表面收缩时会出现开裂及起边现象。所以夏天清洁墙纸时应注意少用清水甚至不用热水清洁。

保养周期建议一个季度用鸡毛掸做一次除尘处理，每半年或一年做一次表面清洁。

6.4 墙纸破损 完美修复

随着现代家庭装修周期越来越短，墙纸作为墙面装饰材料，越来越突显它的优势，施工周期短，便于打理，便于更换，因此，也越来越受到更多人的青睐。虽说墙纸便于更换，但刚贴完不久的墙纸，出现了不可擦洗的污点或有破损的地方，是不是要全部更换墙纸呢？我们只要对它进行简单的修补就可以恢复如初。

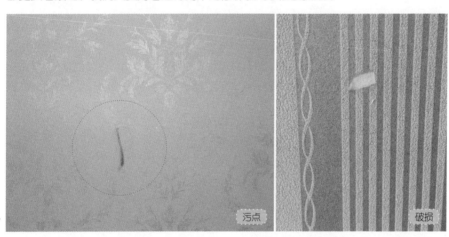

污点

破损

修复墙纸一定要用原型号，原批次的墙纸，所以家装剩下的墙纸要保管好，不要随意丢掉。修复墙纸一般采用三角形方法修复，也有人用四边形修复，一般情况下，三角形修复效果会更好，少一条接缝，修补效果会更佳。下面我们将两种修补方法都介绍一遍。

三角形修补法：

<1> 先将破损地方的墙纸，割成三角形状。

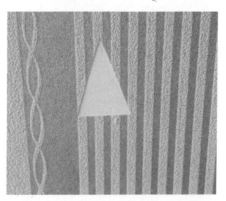

<2> 在所剩墙纸上取比三角形略大些的三角形，花型要和被割墙纸的花型一样。

<3> 在墙纸的背面刷上胶，贴在破损处的空三角形处，注意对花。

<4> 搭边裁，将多余墙纸挑出。

<5> 用压轮修缝。

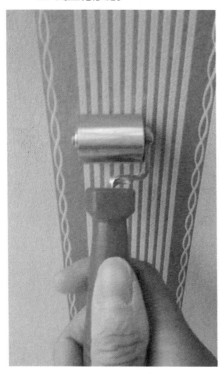

修补后效果图

下图中破损的墙纸是纱线墙纸，如果用三角形修补会将很多纱线割断，容易掉纱，所以使用四边形修补法更合适。修复方法同上，看图。

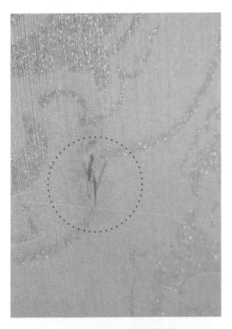

<1> 将破损处割成四边形状。

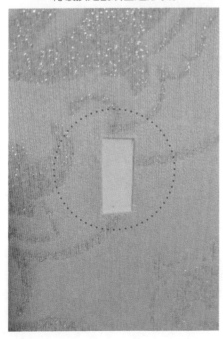

　　<2> 割一块同破损处花型一样的墙纸，略大些。

　　<3> 采用搭边裁，用压轮将接缝压严实。

　　是不是很神奇？如果不仔细找，很难发现有被修补的痕迹。如果你家里也有地方需要修补，赶紧动手试一试吧！

图书在版编目(CIP)数据

墙纸施工宝典 / 汪维新,詹国锋编著 . — 杭州：

浙江工商大学出版社,2015.7

ISBN 978-7-5178-1153-4

Ⅰ . ①墙... Ⅱ . ①汪... ②詹... Ⅲ . ①室内装修 - 墙
面装修 - 墙壁纸 - 工程施工 Ⅳ . ① TU767

中国版本图书馆 CIP 数据核字 (2015) 第 156290 号

墙纸施工宝典

汪维新 詹国锋 编著

责任编辑：周晓竹 赵　丹
封面设计：鲍星宇 亓少卿
责任印制：包建辉
出版发行：浙江工商大学出版社
　　　　　（杭州市教工路 198 号 邮政编码 310012）
　　　　　（E-mail:zjgsupress@163.com）
　　　　　（网址 :http://www.zjgsupress.com）
电　　话：0571-88904980，88831806（传真）
排　　版：亓少卿
印　　刷：杭州杭新印务有限公司
开　　本：710mm×1000mm 1/16
印　　张：13.75
字　　数：257 千
版 印 次：2015 年 8 月第 1 版 2015 年 8 月第 1 次印刷
书　　号：ISBN 978-7-5178-1153-4
定　　价：68.00 元